1+X 职业技术·职业资格培训教材

主　编　蔡沪建
编　者　孟庆涛　蔡沪建　罗　兵
　　　　杨　雨
主　审　金国斌

ASSISTANT PACKAGING DESIGNER
VOCATIONAL TECHNIQUE / VOCATIONAL QUALIFICATION TRAINING MATERIAL

助理包装设计师

中国劳动社会保障出版社

图书在版编目(CIP)数据

助理包装设计师/上海市职业培训研究发展中心组织编写. —北京：中国劳动社会保障出版社，2010

1+X职业技术·职业资格培训教材

ISBN 978-7-5045-8526-4

Ⅰ.①助… Ⅱ.①上… Ⅲ.①包装-设计-技术培训-教材 Ⅳ.①TB482

中国版本图书馆CIP数据核字(2010)第188846号

中国劳动社会保障出版社出版发行

（北京市惠新东街1号 邮政编码：100029）

出版人：张梦欣

*

世界知识印刷厂印刷装订 新华书店经销

787毫米×1092毫米 16开本 12印张 224千字

2010年10月第1版 2010年10月第1次印刷

定价：25.00元

读者服务部电话：010-64929211/64921644/84643933

发行部电话：010-64961894

出版社网址：http://www.class.com.cn

内 容 简 介

本教材由人力资源和社会保障部教材办公室、上海市职业培训研究发展中心依据上海1+X包装设计师（三级）职业技能鉴定细目组织编写。教材从强化培养操作技能，掌握实用技术的角度出发，较好地体现了当前最新的实用知识与操作技术，对于提高从业人员基本素质，掌握包装设计师（三级）核心知识与技能有直接的帮助和指导作用。

本教材在编写中根据本职业的工作特点，以能力培养为根本出发点，采用模块化的编写方式。全书共分为4个单元，内容包括：产品包装设计开发、包装商业化艺术设计、包装容器结构设计、计算机辅助包装设计。

本教材可作为包装设计师（三级）职业技能培训与鉴定考核教材，也可供全国中、高等职业技术院校相关专业师生参考使用，以及本职业从业人员培训使用。

前　言

职业资格证书制度的推行，对广大劳动者系统地学习相关职业的知识和技能，提高就业能力、工作能力和职业转换能力有着重要的作用和意义，也为企业合理用工以及劳动者自主择业提供了依据。

随着我国科技进步、产业结构调整以及市场经济的不断发展，特别是加入世界贸易组织以后，各种新兴职业不断涌现，传统职业的知识和技术也愈来愈多地融进当代新知识、新技术、新工艺的内容。为适应新形势的发展，优化劳动力素质，上海市人力资源和社会保障局在提升职业标准、完善技能鉴定方面做了积极的探索和尝试，推出了1+X的鉴定考核细目和题库。1+X中的1代表国家职业标准和鉴定题库，X是为适应上海市经济发展的需要，对职业标准和题库进行的提升，包括增加了职业标准未覆盖的职业，也包括对传统职业的知识和技能要求的提高。

上海市职业标准的提升和1+X的鉴定模式，得到了国家人力资源和社会保障部领导的肯定。为配合上海市开展的1+X鉴定考核与培训的需要，人力资源和社会保障部教材办公室、上海市职业培训研究发展中心联合组织有关方面的专家、技术人员共同编写了职业技术·职业资格培训系列教材。

职业技术·职业资格培训教材严格按照1+X鉴定考核细目进行编写，教材内容充分反映了当前从事职业活动所需要的最新核心知识与技能，较好地体现了科学性、先进性与超前性。聘请编写1+X鉴定考核细目的专家，以及相关行业的专家参与教材的编审工作，保证了教材与鉴定考核细目和题库的紧密衔接。

职业技术·职业资格培训教材突出了适应职业技能培训的特色，按等级、分模块单元的编写模式，使学员通过学习与培训，不仅能够有助于通过鉴定考核，而且能够有针对性地系统学习，真正掌握本职业的实用技术与操作技能，从而实现我会做什么，而不只是我懂什么。每个模块单元所附单元测试题用于检验学习效果，教材后附一体化考核模拟试卷，使受培训者巩固提高所学知识与技能。

本教材结合上海市对职业标准的提升而开发，适用于上海市职业培训和职业资格鉴定考核，同时，也可为全国其他省市开展新职业、新技术职业培训和鉴定考核提供借鉴或参考。

新教材的编写是一项探索性工作，由于时间紧迫，不足之处在所难免，欢迎各使用单位及个人对教材提出宝贵意见和建议，以便教材修订时补充更正。

人力资源和社会保障部教材办公室

上海市职业培训指导中心

目录

第1单元　产品包装设计开发

1.1　包装设计开发技术要素 …………………………（2）

1.1.1　绿色包装概述 …………………………（2）

1.1.2　绿色包装材料 …………………………（3）

1.2　包装设计与消费者心理 …………………………（9）

1.2.1　包装的心理作用 …………………………（9）

1.2.2　包装设计的心理策略 …………………………（17）

1.2.3　包装设计市场调查 …………………………（26）

1.3　包装设计定位 …………………………（27）

1.3.1　品牌定位 …………………………（27）

1.3.2　产品定位 …………………………（28）

1.3.3　消费者定位 …………………………（30）

1.4　包装设计构思 …………………………（31）

1.4.1　构思表现重点 …………………………（31）

1.4.2　构思表现角度 …………………………（32）

1.4.3　构思表现手法 …………………………（32）

1.4.4　构思表现形式 …………………………（35）

1.5　包装设计开发程序 …………………………（36）

1.5.1　编制包装设计商业计划书阶段 …………………………（36）

1.5.2　包装创意与设计表现阶段 …………………………（37）

1.5.3　设计执行阶段 …………………………（41）

单元测试题 …………………………（41）

第2单元　包装商业化艺术设计

2.1　VI设计在包装中的运用 …………………………………（44）
2.1.1　VI设计的概念 …………………………………（44）
2.1.2　VI设计的形式和技法 …………………………………（50）
2.1.3　包装中的VI设计 …………………………………（53）
2.2　标志设计 …………………………………（57）
2.2.1　标志设计基本知识 …………………………………（57）
2.2.2　标志设计的形式 …………………………………（58）
2.2.3　标志设计的手法 …………………………………（64）
2.2.4　标志设计制作程序 …………………………………（70）
2.3　系列化包装设计 …………………………………（72）
2.3.1　系列化包装设计的概念和意义 …………………………………（72）
2.3.2　系列化包装设计的类型 …………………………………（75）
2.3.3　系列化包装设计的形式方法 …………………………………（79）
单元测试题 …………………………………（84）

第3单元　包装容器结构设计

3.1　瓦楞纸箱结构设计 …………………………………（87）
3.1.1　瓦楞纸箱简介 …………………………………（87）
3.1.2　瓦楞纸箱结构设计 …………………………………（87）
3.2　塑料包装容器结构设计 …………………………………（93）
3.2.1　塑料包装容器材料的选用 …………………………………（93）
3.2.2　塑料包装容器结构设计要素 …………………………………（96）

3.3 瓶盖结构设计 …………………………………… (105)
3.3.1 瓶盖结构概述 ………………………………… (105)
3.3.2 密封性盖结构设计 ……………………………… (106)
3.3.3 方便盖结构设计 ………………………………… (109)
3.3.4 安全盖结构设计 ………………………………… (110)
单元测试题 ………………………………………………… (114)

第4单元 计算机辅助包装设计

4.1 3ds Max 软件基本操作 ………………………………… (116)
4.1.1 3ds Max 软件简介 ……………………………… (116)
4.1.2 3ds Max 总界面介绍 …………………………… (116)
4.1.3 打开文件和保存文件 …………………………… (121)
4.2 3ds Max 软件辅助包装设计综合应用实例 ………… (124)
4.2.1 开椭圆窗口的包装盒制作 ……………………… (124)
4.2.2 香水瓶的制作 …………………………………… (141)
4.2.3 HDR 环境渲染 ………………………………… (168)
单元测试题 ………………………………………………… (178)

一体化考核模拟试卷 ……………………………………… (179)
一体化考核模拟试卷评分表 ……………………………… (180)

参考文献 …………………………………………………… (182)

1

第 1 单元

产品包装设计开发

1.1 包装设计开发技术要素 /2
1.2 包装设计与消费者心理 /9
1.3 包装设计定位 /27
1.4 包装设计构思 /31
1.5 包装设计开发程序 /36

1.1 包装设计开发技术要素

包装设计是一个系统化设计的过程，其中技术要素包含材料、设备、加工工艺等方面的诸多问题。如果包装设计师能针对不同包装物，科学有效地选择合理的包装材料、加工设备和工艺，对有效保护内装物起至关重要的作用。在上一级别的教材中，已经介绍了复合包装材料的性能及基本运用，本书重点介绍运用日益广泛的绿色包装及绿色包装材料。

1.1.1 绿色包装概述

1. 绿色包装的定义

绿色包装是指对生态环境和人体健康无害，能循环复用和再生利用，可促进持续发展的包装。绿色包装作为有效解决包装与环境的一个新理念，在 20 世纪 80 年代末 90 年代初涌现出来。国外把这个新概念也称为“无公害包装”或“环境友好包装”。我国包装界则于 1993 年起将有利于环境的包装统称为绿色包装。

绿色包装技术是指在生产和流通、储运、消费等一系列过程中对生态环境不造成污染，对人体健康不造成危害，可使包装循环和再生利用，使之可持续发展的包装技术。

2. 绿色包装的内涵

绿色包装最重要的含义可以概括为安全卫生、保护环境、节约资源。具体而言，它应具备以下几个含义：

（1）实行包装减量化（reduce）。包装应在满足保护、方便、销售等功能的条件下，用量最少。

（2）包装应易于重复利用（reuse），或易于回收再生（recycle）。通过生产再生制品、焚烧利用热能、堆肥化改善土壤等措施，达到再利用的目的。

（3）包装废弃物可以降解腐化（degradable），不形成永久垃圾，进而达到改善土壤的目的。

reduce、reuse、recycle 和 degradable 即当今世界公认的发展绿色包装的“3R1D”原则。

（4）包装材料对人体和生物应无毒无害。包装材料中不应含有毒性的元素、卤素、重金属或含有量控制在有关标准以下。

（5）包装制品从原材料采集、材料加工、制造产品、产品使用、废弃物回收再生，直到最终处理的产品全过程均不应对人体及环境造成公害。

3. 绿色包装的分级

绿色包装是理想的包装，完全达到它的要求需要一个过程。为了使绿色包装既有追求的方向，又有可供操作的分阶段达到的目标，按照绿色食品分级标准的办法，制定绿色包装的分级标准。

（1）A级绿色包装。A级绿色包装是指废弃物能够循环复用、再生利用或降解腐化，含有毒物质在规定限量范围内的适度包装。

（2）AA级绿色包装。AA级绿色包装是指废弃物能够循环复用、再生利用或降解腐化，且在产品整个生命周期中对人体及环境不造成公害，含有毒物质在规定限量范围内的适度包装。

1.1.2 绿色包装材料

1. 绿色包装材料的种类

绿色包装材料的基本要求是易回收，无污染。本书主要介绍以下几种常见的绿色包装材料：

（1）纸浆模塑制品（见图1—1、图1—2）。纸浆模塑是以纸浆、芦苇等为原料，用带滤网的模具在压力（负压或正压）、时间等条件下，使纸浆脱水、纤维成型而生产出所需产品的加工方法。纸浆模塑制品是近年来迅猛发展起来的新型包装材料。因其使用的纸浆多以废纸、芦苇等为原料，节约了资源。使用弃置后可迅速被生物降解，顺应了环保要求。

图1—1 机电产品的纸浆模塑制品包装

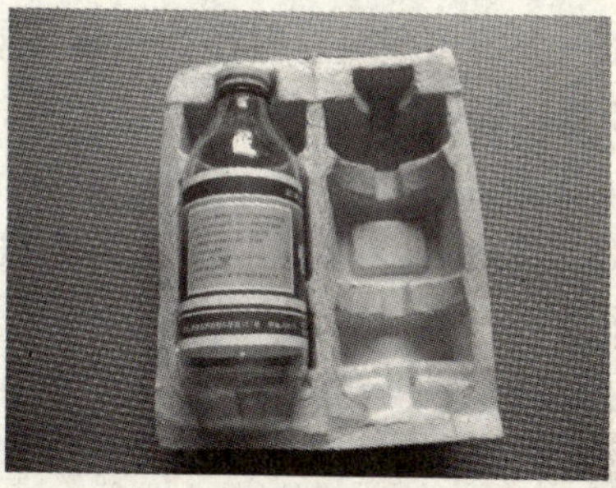

图1—2 易碎品的纸浆模塑制品包装

纸浆模塑制品可以根据不同用户的要求制成各种形态，制浆时可按要求加入各种助剂，使其耐酸、耐碱、耐晒、防水、防油、不渗漏、不变形等。还可以根据用户的不同要求，对其表面质量、颜色、图文等外观元素，进行后加工处理，以满足商品展示的要求。纸浆模塑制品不具自燃性，无毒无味，能防静电，安全可靠，适用性广，市场潜力巨大。目前纸浆模塑制品已广泛应用于下列产品的包装领域：

1）食（药）品包装。许多药品、食用半成品、熟食品、方便食品等都使用纸浆模塑制品来包装，如净菜托盘、方便面碗等。

2）医用器具。传统医用器具最大的问题是消毒不彻底，容易造成交叉感染。若改用一次性的纸模托盘、痰盂、便盆、体垫、夹板等，不仅能免去消毒环节，节省人工，而且其废弃物可直接焚烧，无毒副作用。

3）电器内衬。在通常情况下，我国的电器产品采用发泡塑料作内衬较多。发泡塑料使用后容易产生“白色污染”而带来一连串问题。使用纸浆模塑材料作衬垫，同样具有可塑性好、缓冲力强等特点，其生产工艺简单，无污染环境之虞，而且产品适用性强，生产潜力大。

4）易碎品隔离。玻璃、陶瓷制品以及蛋类等易碎品的隔垫以往多用纸屑和草类替代，既不规范，又不卫生，防减震效果也不尽如人意。以纸浆制成的隔垫，成型后整齐划一，便于包装，且缓冲减震能力强。

5）军品专用包装。军品往往怕冲撞、怕静电、怕潮湿、怕锈蚀，运输储存时要万分谨慎。纸浆模塑材料是中性物质，缓冲力好，可塑性强，可以防潮防静电，加上特殊助剂还可防浅层辐射，使用中安全系数高。用于弹药、炸药、火药及枪械等物品的包装内衬，能够提高军品包装的水平，大大减少军品管理上的危险和损失。

其他诸如一些儿童玩具、戏剧道具、人体模特、工艺品底坯等也可采用纸浆模塑材料制作。

（2）无机填充型环境友好塑料。无机填充型环境友好塑料实质上是一种在普通塑料中掺混有较多的无机粉末填料的掺混塑料，它能改善和提高制品的性能，更重要的是取代了部分基体塑料，达到节约原材料、降低成本的目的。因此，在包装领域中的应用有广阔的前景，凡过去曾用塑料材料作为包装容器、盛具的包装制品，一般来说，都有可能用无机填料型环境友好塑料部分取代基体塑料。无机填充型环境友好塑料的包装制品的类型和用途主要有以下几类：

1）购物袋和包装膜类制品。将无机填料母粒和基本塑料混匀后，在挤出机上挤出吹塑加工而成。

2）托盘类包装容器制品（见图1—3、图1—4）。例如，食品快餐盒、饼干托盘、内酯豆腐盒等将无机填料母粒和基体塑料混匀后，在螺杆挤出机上先拉成薄片，再通过真空吹塑盒加压成型工艺技术做成包装容器制品。真空吹塑加压成型可通过在模具上设计加强筋来提高制品的刚性，内酯豆腐盒上的加强筋就是典型的例子。

图1—3　水果塑料托盘

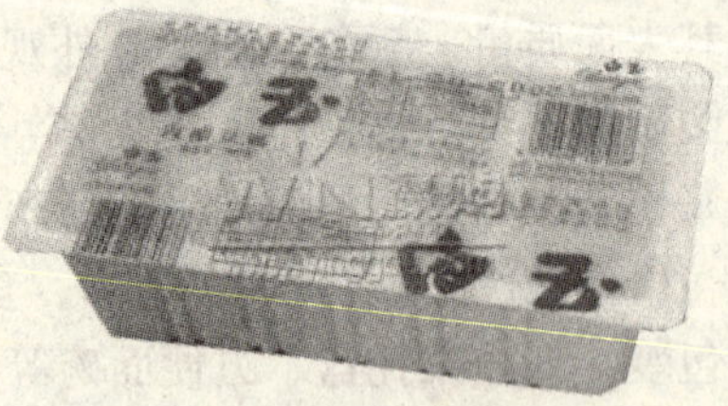
图1—4　内酯豆腐包装塑料托盘

3）注塑成型的包装制品类。如微波盒、周转箱等先将无机填料母粒和基体塑料混匀后，直接由注塑机一次注塑成型。经过添加无机填料的微波盒，在微波加热时热得快，且和陶瓷容器有相同的效果，明显优于纯塑料微波盒，加热时间短，不变形。

4）中空容器（见图 1—5）。在化妆品、药品、调味品、饮料等容器中，使用聚丙烯（Polypro Pylene，PP）、聚对苯二甲酸乙二酯（Polyethylene Terephthalate，PET）等基体材料，添加一定量的无机填料母粒后吹塑制成。

5）塑料编织袋（见图 1—6）。可用于塑料编织袋的基体材料有聚丙烯（PP）、高密度聚乙烯（High Density Polyethylene，HDPE）、线性低密度聚乙烯（Linear Lowdensity Polyethylene，LLDPE）三种，聚丙烯 PP 尤其常用，聚丙烯 PP 塑料编织袋具有较高的强度和刚挺性，但耐候性差，所以，配方中一定要添加紫外线吸收剂和紫外线屏蔽剂。

图 1—5　中空容器

图 1—6　塑料编织袋

6）塑料瓦楞箱。塑料瓦楞箱与瓦楞纸箱形状一样，其优点是强度高，防潮好，可重复使用且美观。主要用于防潮物品、危险品、液体商品等，如农药、日化产品等的包装。

7）塑料打包带。塑料打包带是常用捆扎材料，主要用于重型包装物的外包装。对塑料打包带的主要性能要求有拉伸强度要高，确保可承受足够大的负荷；拉力要松弛，确保捆扎后长期不变松。塑料打包带可分为手工打包带和机制带包袋两种。机制打包带对强度要求高，尺寸精度要求高，偏斜度要小，常用热融合法连接，不宜多加无机填料；手工打包带性能要求相对较低，可适当增加无机填料添加量。

（3）降解塑料。降解塑料是指在规定环境条件下，经过一段时间和包含一个或更多步骤，导致材料化学结构显著变化而损失某些性能（如完整性、分子量、结构或机械强度等）或发生破碎的塑料。

降解塑料按其降解机理主要分为光降解塑料、生物降解塑料、光一生物双降解塑料。

1）光降解塑料。光降解塑料是在自然日光作用下引起降解的塑料。光降解塑料根据其制备方法可分为合成型和添加型两种。

①合成型（共聚型）。合成型光降解塑料主要通过共聚反应在高分子主链引入羰基型感光基团而赋予其光降解特性，并通过调节羰基基团含量可控制光降解活性。通常采用光敏单体 CO 或烯酮类（如甲基乙烯酮、甲基丙烯酮等）与烯烃类单体共聚，可合成含羰基结构的光降解型聚乙烯（polythylene，PE）、聚丙烯（PP）、聚苯乙烯（polystyrene，

PS)、聚氯乙烯（polyvinylchloride，PVC)、聚对苯二甲酸乙二酯（PET）等。其中对光降解聚乙烯（PE）研究最多，这是因为PE降解成分子量低于500的低聚物后可被土壤中微生物吸收降解，具有较高的环境安全性。已实现工业化的光降解性聚合物有乙烯－CO共聚物和乙烯－乙烯酮共聚物，可用于农膜、包装袋、容器、纤维、泡沫制品等。

②添加型。将光敏助剂添加到通用高分子材料中可制得光降解高分子材料。实验表明，在紫外光谱区200～400 nm处各种光敏剂均出现强度不等、但有明显吸光强度的吸收峰。由于光敏剂能被紫外光诱导，当它添加到塑料中时能引发并加速塑料的光氧化（塑料分子结构对波长大于200 nm的紫外光线吸收能力很小，不宜为紫外光所分解），在塑料高分子链上产生了能吸收波长约为280～321 nm紫外光的羰基，从而实现了塑料的可控光降解。可见，在光的作用下光敏剂可离解成具有活性的自由基，进而引发聚合物分子链断链连锁反应，达到降解作用。通用的光敏剂有过渡金属络合物（如二硫代氨基甲酸盐等)、硬脂酸盐（如硬脂酸铁)、卤化物（如N－卤化乙内酰脲等)、羧基化合物（如蒽醌等)、酮类化合物（如二苯甲酮等)、多核芳香化合物（如茂等）及某些光敏聚合物（如聚异丁烯等）和合成型光降解聚合物等。

国外在合成型光降解塑料和添加型光降解塑料两方面的研究和应用情况相当，技术比较成熟，发展稳定；国内的研究和应用主要集中在添加型光降解塑料上，技术水平与国外相当。

2）生物降解塑料。生物降解塑料是指一类由自然界存在的微生物如细菌、霉菌（真菌)、藻类等的作用而引起降解的塑料。理想的生物降解塑料是一种具有优良的使用性能、废弃后可被环境微生物完全分解、最终被无机化而成为自然界中碳素循环的一个组成部分的高分子材料。“纸”是一种典型的生物降解材料，而“合成塑料”则是典型的高分子材料。因此，生物降解塑料是兼有“纸”和“合成塑料”两种材料性质的高分子材料。生物降解塑料可分为完全生物降解塑料和破坏性生物降解塑料两种。

完全生物降解塑料主要由天然高分子（如淀粉、纤维素、甲壳质等）或农副产品经微生物发酵或合成具有生物降解性的高分子制得，如热塑性淀粉塑料、脂肪族聚酯、聚乳酸、淀粉/聚乙烯醇等均属这类塑料。

破坏性生物降解塑料主要包括聚乙烯（PE)、聚丙烯（PP)、聚氯乙烯（PVC)、聚苯乙烯（PS）等。

从原材料上分类，生物降解塑料至少有以下几种：

①聚乙内酯（polycapnlactone，PCL)。这种塑料具有良好的生物降解性，熔化温度是62℃。分解它的微生物广泛分布在喜气条件或厌气条件下。作为可生物降解材料可把它与淀粉、纤维素类的材料混合在一起，或与乳酸聚合使用。

②聚丁二酸丁二醇酯（PBS）及其共聚物。以聚丁二酸丁二醇酯（PBS，熔化温度为114℃）为基础材料制造各种高分子量聚酯的技术已经达到工业化生产水平。

③聚乳酸（polylacticeacid，PLA)。聚乳酸生产以乳酸为原料。传统的乳酸发酵大多

用淀粉质原料。聚乳酸有良好的防潮、耐油脂和密闭作用，在常温下性能稳定，但在温度高于 55℃或富氧及微生物的作用下会自动降解。使用后它能被自然界中的微生物完全降解，最终生成二氧化碳和水，不污染环境，这对保护环境非常有利。聚乳酸具有优于聚乙烯、聚丙烯、聚苯乙烯等热塑性塑料的优点，被产业界认定为是最有发展前途的新型包装材料之一。这种材料的机械性能和物理性能良好，适用于吹塑、吸塑等多种加工方法，可加工成薄膜、包装袋、包装盒、一次性快餐盒、饮料瓶等。

这些产品已成为多彩包装市场的重要成员。例如，美国 College Farm 牌糖果采用了以聚乳酸材料生产的包装薄膜，这种薄膜结晶透明性良好，扭结保持性和可印刷性强，并且阻隔性较高，能很好地保持糖果的香味；法国达诺内奶制品公司，也制造出一种乳酸制成的酸奶盒和杯子，制造这种生态盒（杯）的基本原料是甜菜，通过发酵转化为乳酸，经抽出水分形成丙酯，再加工为聚乳酯，掺入矿物质成为一种轻型、坚固的材料。用这种材料制成的包装盒（杯），可以在 55℃下于 60 天内分解为农家肥料；又如，丹麦 Faerch 塑胶公司，其新型聚乳酸制品适用于包装各种低温新鲜食品，包括各种面食、肉及沙拉等，如图 1—7 所示。

图 1—7　丹麦 Faerch 塑胶公司聚乳酸包装盒

④聚羟基烷酸酯（polyhydroxyalkanoates，PHA）。聚羟基烷酸酯（PHA）采用微生物发酵技术，将玉米之类的农产品原料转化为生物可降解塑料。由于具有生物可降解性、生物相容性、压电性等许多优良性能，这种塑料在众多领域如生物降解性包装材料、组织工程材料以及电学材料等方面得到广泛的应用。

⑤脂肪族芳香族共聚酯。脂肪族聚酯具有良好的生物相容性和生物降解性，但溶化和热变形温度较低；而芳香族聚酯具有良好的机械性能和较高的溶化温度，但不具有可生物降解性，因此，将脂肪族聚酯与芳香族聚酯共聚可以有效结合二者的优点。

⑥二氧化碳共聚物。二氧化碳共聚物自 20 世纪 60 年代末问世以来，因其能高效利用二氧化碳而备受关注，加上其良好的阻气性、透明性、可完全生物降解等优点，在医药、食品包装等方面具有大规模应用的潜力。

⑦聚一β一羟基丁酸酯（poly-β-hydroxybutyrate，PHB）。聚一β一羟基丁酸酯（PHB）是公认的最有希望的生物降解塑料之一，也是正在开发的新产品。

3）光一生物双降解塑料。光一生物双降解塑料，既有光降解性能，又有生物降解性能的双重效应，弥补了单独光降解或生物降解各自的不足，比如，双降解的农用地膜，破碎后埋入土壤中，因为有生物降解功能继续发生降解作用，比起光降解农用地膜，显示出双降解性能的优势。但是，在实际操作上，受到了成本因素和价格因素的制约。

2. 绿色包装印刷材料

（1）印刷材料产生的环境问题。除噪声外，印刷过程中对环境的最主要影响来自油墨，而且在用于食品包装印刷时，油墨对人体有害的成分还会直接危害食用者的健康。与油墨相关的环保问题主要有如下几个：油墨中对人体有害的成分，油墨中的溶剂挥发造成的大气污染和臭气问题，排放清洗水性油墨的水任意排放造成的水质污染，排放胶印润版液所造成的水质污染，印刷品以及油墨容器等产业废弃物的处理。

（2）环保印刷油墨。为了从根本上改善油墨对环境的影响，应该从油墨的组成方面入手，即尽量采用环保型材料来配制环保油墨。这类环保油墨主要有以下几类。

1）水性油墨。水性油墨与溶剂型油墨的最大区别在于：水性油墨中使用的溶剂是水，而不是有机溶剂，溶剂型油墨大多以挥发干燥为主，发时有毒气放出，污染四周环境并对人体有害，而水性油墨使用的溶剂是乙醇和水，对环境污染小。

2）UV 油墨。UV 油墨是在一定波长的紫外线照射下能够从液态变成固态的光固化型油墨。它不用溶剂，干燥速度快而彻底，耗能少，无溶剂排放，无须防止印品之间污染而采取喷粉措施，印刷机和车间环境清洁，无粉尘污染。

3）水性 UV 油墨。水性 UV 油墨是 UV 油墨领域的一个新的研究方向。普通 UV 墨中的预聚物黏度一般比较大，需要加入活性稀释剂稀释，而活性稀释剂具有不同程度的毒性，为此在研制低黏度、低毒性的活性稀释剂的同时，发展水性 UV 油墨，采用乙醇作溶剂，将使油墨有好的相容性和黏接性能。

4）新型环保油墨。例如，植物油油墨目前使用最多的是大豆油，Fred 品牌矿泉水纸盒包装采用了以大豆为原料的印刷油墨，如图 1—8 所示。美国大豆油协会标准中规定，平版胶印油墨中大豆油含量为 20%以上，轮转胶印油墨中大豆油含量为 7%以上。日本大阪印刷油墨公司也推出了新型环保油墨，为平版胶印油墨，是以大豆油为主体的 100%植物油墨，符合环保要求。水性油墨是世界公认的环保型印刷材料，由于水是极性物质，根据极性物质与极性物质相溶的特性，水性油墨中不含或含有极少量

图 1—8　Fred 品牌矿泉水纸盒包装

的有机溶剂，因此，水性油墨的最大特点就是减少了挥发性有机化合物 VOC 的排放量，从而避免挥发性有机化合物的污染，改善印刷作业环境，有利于人体健康。

3. 绿色包装设计

绿色包装设计是以环境和资源为核心概念的包装设计过程。它要求在产品的整个寿命期限内把产品的基本属性和环境属性紧密结合。进行设计决策时除了满足产品的性能要求外，还要满足环境性能要求，达到优化设计的目的。绿色包装设计可使资源、能源得到最大限度的利用，使包装对环境的影响减少到最低或完全无污染。

绿色包装设计的主要内容包括绿色包装设计的材料、绿色包装的结构设计、绿色包装的可回收性设计和绿色包装的成本分析等。

（1）绿色包装设计的材料。设计人员要改变传统的选材程度和步骤，选材时，不仅要考虑包装产品的功能，而且要考虑环境的约束准则，应选用那些无毒、无污染、易回收再生和易降解的材料。一般来说，纸板、金属、玻璃、可降解塑料、布、竹等均属于绿色材料。同时，包装材料要尽量单一，不要混入异种材料，以便回收利用。

（2）绿色包装的结构设计。包装设计时应尽量使包装结构简单化。商品过度包装不仅耗用材料多，使包装体积加重加大，引起资源浪费，而且使城市垃圾数量增加而不利于环保。另外，过分华丽的包装也增加了消费者的经济负担，从而形成对消费者侵权。

（3）绿色包装的可回收性设计。绿色包装的可回收性设计是一种在包装设计初期就要考虑包装材料回收的可能性、回收价值大小、回收处理方法等一系列问题，从而达到包装材料、能源的最大利用，并且对环境污染最小的设计思想和方法。可回收性设计的内容包括可回收性材料及标志、可回收工艺与方法、可回收性的经济评估、可回收性结构设计。

（4）绿色包装的成本分析。绿色包装的成本分析不同于传统的包装成本分析。由于在产品设计初期就必须考虑产品的回收、再生利用等性能。另外，对企业来说是否支出环保费用也会影响产品的成本核算。而且同样的环境项目在不同国家的实际费用也有差异。因此，应在每一绿色包装设计开始时就进行成本分析，从而使设计包装成本更低。

1.2 包装设计与消费者心理

当代包装设计心理认为，要注重对人们知觉的感染，而不是把注意力过多地放在信息传达方面。研究消费者对包装设计的内在心理要求和心理倾向的规律，称为包装设计心理。

1.2.1 包装的心理作用

包装的基本功能是承载和保护商品，使之不致毁损、散落、溢出、变质等。零星、细小的商品通过包装成为一个整体，在运输和出售过程中不易散失；液态、气态、粉末状的商品，借助包装可避免溢出、挥发和散失，便于运输、携带和使用；食品、药品等的包装可以避免商品变质和腐败；有毒、易燃的商品只有通过包装才能防振、防潮、防热、防生锈、防污损等。所有这些都是包装的原始基本功能。现代商品的包装，除了提高早期包装基本功能的水平，发展到标准化、通用化和集装化以外，重视包装对消费者的心理作用是现代包装的一大趋势。包装主要有以下几个心理作用。

1. 识别作用

包装是产品差异化的重要表现之一。利用独特的包装，可以使某一特定的商品区别于其他牌号的商品，使消费者花较少的时间就能把各种商品互相区别和辨认出来，以方便消费者选购。包装的识别作用是通过包装设计的形象性来达到的，一方面，包装要能显示出商品的形象；另一方面，包装本身的设计要有一定的“刺激效能”，具有吸引力，如图1—9所示。消费者对商品的认识是从包装开始的，有刺激性的包装，可以引起消费者的注意，加速消费者的识别，促使购买。刺激效能低的包装，非但不能促进销售，有时甚至会模糊消费者的识别，抑制消费者已萌发的购买欲望。

图1—9　具有识别作用的包装设计

2. 便利作用

包装使商品具有适当的分量、可靠的保藏手段和方便的开启方式，使消费者易于携带、保管和投入使用。许多包装还印上使用方法，指导消费者正确的操作和运用，给消费者带来许多方便。

包装的便利作用反映了消费者求取方便、安全、适用的心理需求，是促销的重要手段。美国的“骆驼”牌香烟（见图1—10）是最早使用玻璃纸包装的香烟之一。玻璃纸包装可以使香烟保持适当的湿度，使香烟抽起来味道可口。“骆驼”牌香烟当年采用玻璃纸包装后大受消费者欢迎，销量大增。但是，另一家香烟公司，即“幸运”牌香烟的生产商，却敏锐地发现：“骆驼”牌香烟包装的一个缺点是不易拆封。由于玻璃纸包装非常严密，拆封颇费时间，尤其当性急的抽烟者急于抽出香烟时更感困难，消费者对此颇有怨言。经过研究之后，这家公司对玻璃纸包装增加了便利功能，他们在玻璃纸的一端粘上一条红色的撕条，使拆封变得非常简便。于是，“幸运”牌香烟公司在广告上特别强调这种一撕即开的便利功能。这种改进的包装立刻获得消费者的赞赏，使“幸运”牌香烟销量扶摇直上，一跃超过了“骆驼”牌香烟。

图 1—10 “骆驼”牌香烟外包装

3. 美化作用

包装可以美化商品，使商品装潢得鲜艳夺目，形象完美，像艺术品，吸引消费者的注意，诱发消费者的兴趣，从而产生购买欲望，如图 1—11 所示。消费者选购商品时，直接看到的是包装，而不是商品本身，对某些种类的商品来说，包装精美可能成为购买决策的关键因素。例如，化妆品、礼品等社交类商品，工艺品、古玩、美食等享受类商品，尤其是妇女用品的包装更重要。因为女性消费者的求美动机比较普遍，她们对商品的选购细腻严谨，要对商品的各方面进行全面评估，而对商品的外观造型和外包装同样重视，有的妇女因商品的外观有一些不明显的斑点而另行挑选，也有因商品外包装不整洁而不购买。美国杜邦公司的市场研究人员提出著名的杜邦定律：进入超级市场的顾客中，约 63%事前缺乏明确的购货目标，实际购买量约 70%是受现场环境影响，根据包装的形态和色调来决定购买牌号的。

图 1—11 精美的容器造型、醒目的色彩

4. 增值作用

良好的包装能赋予产品一种特殊的象征，树立产品良好的形象，提高产品的身价，使消费者好像同时也买到了身份、地位一样，给消费者以一种特殊的满足感，精美的外包装

纸盒使巧克力的价值得到了提升（见图 1—12）。淳朴质感的木盒外包装提升了酒的销售价值（见图 1—13）。过去我国出口瓷器时，用稻草碎纸加纸盒包装，不仅易损耗，而且给人以质量低劣的感觉，尽管价格低廉，消费者也不欢迎。后来改为软缎、描花彩木匣小包装，同样的商品，价格上涨了百倍，却大受西方消费者的欢迎。这就是包装增值、心理作用的效应。消费心理学家发现，在很多情况下，商品的外表包装可以影响消费者对商品内在质量的判断。例如，请两组消费者来品尝咖啡的味道，一组消费者品尝由电咖啡壶盛的咖啡，另一组消费者品尝古色古香的咖啡壶盛的咖啡，结果消费者认为，古色古香的咖啡壶盛的咖啡的色、香、味优于电咖啡壶盛的咖啡。但实际上两组消费者品尝的是同一种咖啡。

图 1—12　精美的外包装纸盒

图 1—13　淳朴质感的木盒外包装

5. 促销作用

消费者选购商品时，一眼看见的是商品的包装，而不是商品本身。因此，包装的优劣对产品的销售至关重要。消费者不可能只凭商品的外表包装、装潢等来判定它的质量，但产品的包装，即产品的外观形象，常常影响消费者购买时的决策，正像人们的外表装饰会影响别人对他的判断一样。在国内外市场上，包装的优劣直接影响产品的价格和销售，并影响产品在市场上的竞争能力，必须提高包装的设计水平，充分发挥包装的促销作用，精美的外包装对生硬的五金用品起到了良好的促销作用，如图 1—14 所示。当然，过分包装的商品，消费者也不满意。

在国际市场上有一种说法，“包装、装潢决定着商店的货架是商品的发射台还是葬身的坟墓”。外销商品的包装设计，要迎合国外消费者的心理，赶上国际的流行时尚，在包装的图案、形状、色彩上精心策划、制作，以刺激消费需求，吸引消费者，促进出口产品的销售，外包装炫目的色彩刺激着消费者（见图 1—15），具有开窗结构的外包装起到了很好的促销展示作用（见图 1—16）。

6. 指导消费的作用

在包装设计中，根据商品的主要特点，放上说明书，或印有产品的主要配料和使用说明，会产生指导消费的作用，香烟盒上的图案提示消费“吸烟有害健康”（见图 1—17），

图 1—14　五金用品精美的外包装

图 1—15　色彩炫目的外包装

图 1—16　具有开窗结构的外包装

包装盒上的图案指导消费者如何使用（见图 1—18），包装盒上印制了提示消费者使用步骤的图案（见图 1—19）。在包装上加上提示性的语言，往往会起到更大的指导消费的效应。

例如，在食品包装上标上“新鲜”“脆”“松软”等，可以解除消费者怕变质的顾虑，也可以使消费者知道这种食品的特点。

另外，不同价值的商品包装亦应有所区别。这种包装的区别，指导消费者了解包装与商品的价值或质量水平相配合。既不能将一般商品豪华包装，让消费者破费；也不能把高级商品做成“稻草包黄金”，自贬身价（见图 1—20、图 1—21）。

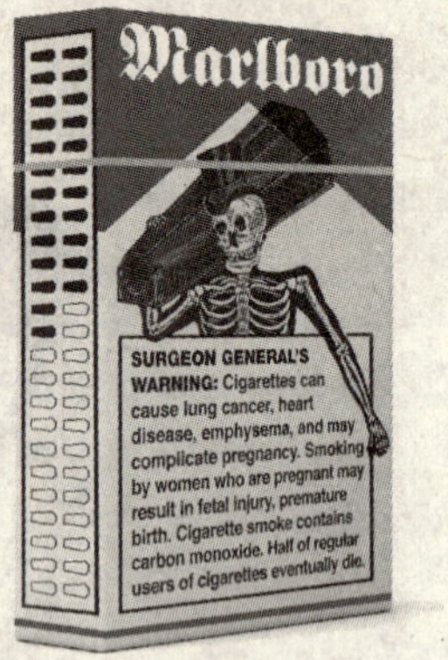

图 1—17　香烟盒上提示消费者“吸烟有害健康”的图案

7. 集散作用

包装的集散作用主要体现在方便消费者、便于批发和零售上。集散功能表现在两个方面：一是成套包装，体现了包装的集散功能（见图 1—22），即将企业生产经营的有关联的产品置于同一包装中，成套供应，便于消费者购买、携带和使用，如急救箱、针线包、园艺工具、茶具、餐具等，我国市场上的雀巢咖啡加伴侣的礼品盒包装，就属于此类。二是分散包装，满足了不同消费者的需要（见图 1—23），可以根据产品的性质和消费者使用习惯，按产品的重量、数量等，设计各种不同的包装。例如，茶叶有大包装、小包装、袋泡茶等，满足不同消费者的需要。小包装不仅受到消费者的欢迎，而且给厂家和零售商带来利益。

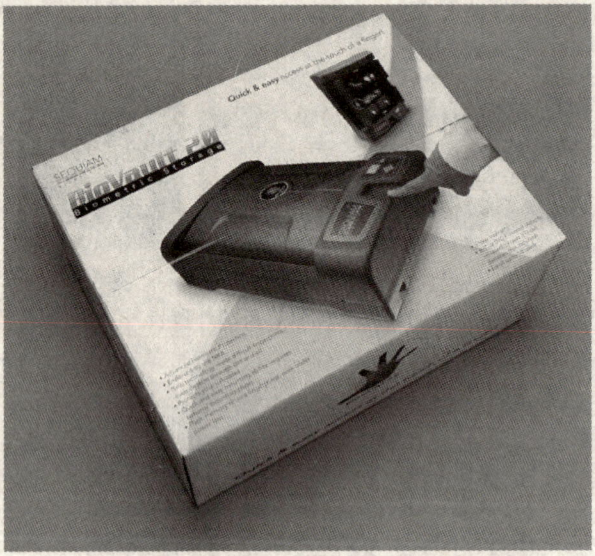

图 1—18　包装盒上的图案

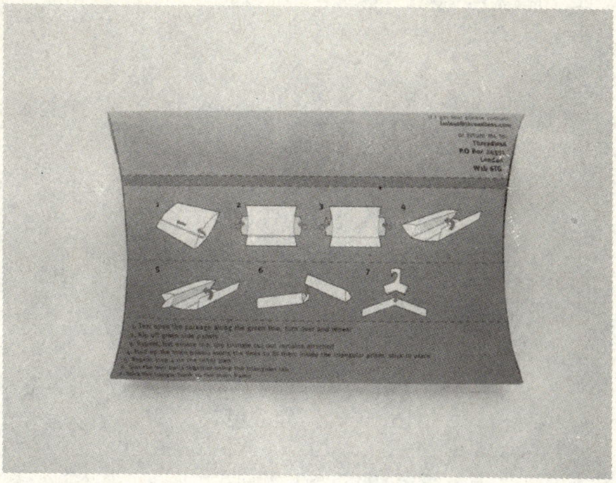

图 1—19　包装盒上提示消费者使用步骤的图案

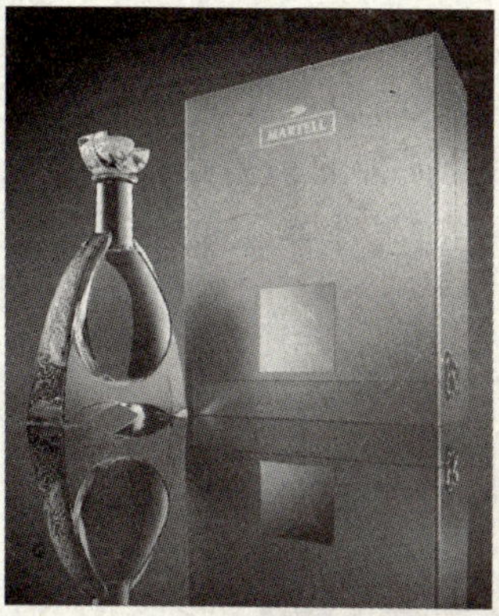

图 1—20　高档的洋酒包装

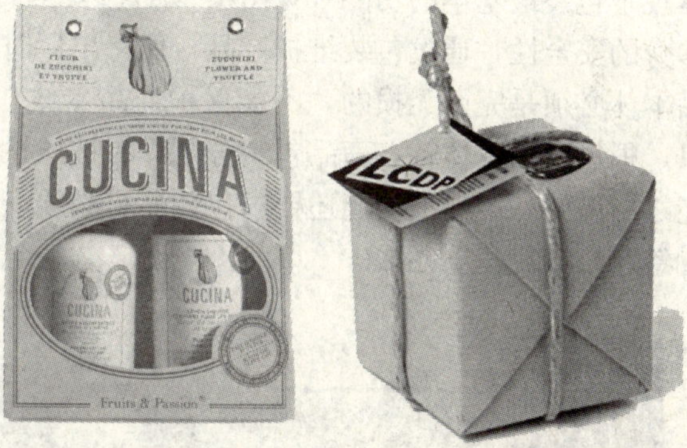

图 1—21　中低端的纸盒包装

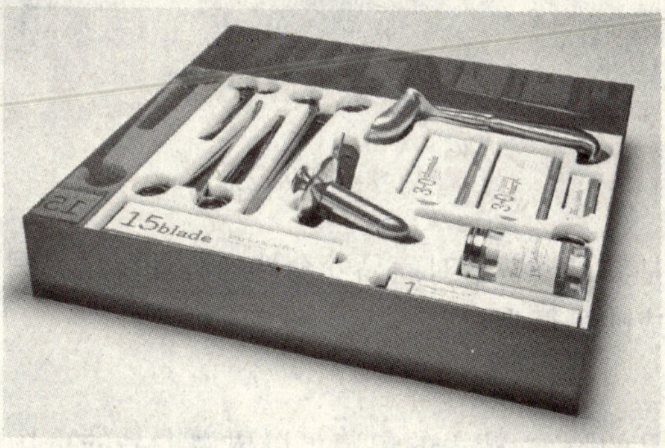

图 1—22　成套包装

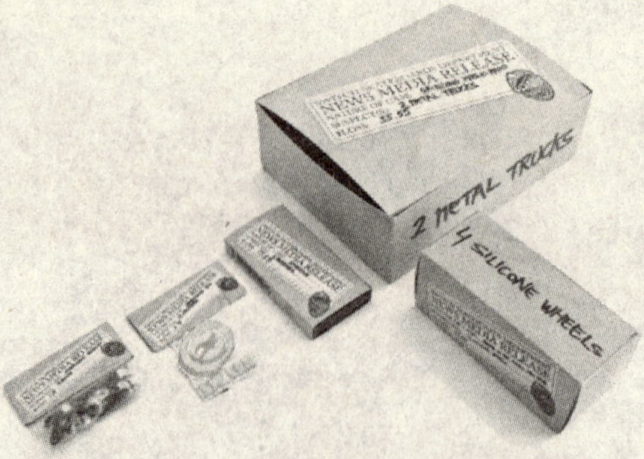

图 1—23　分散包装

8. 保护作用

包装的保护作用，是指商品包装必须能保证商品本体及商品包装材料的安全，保护功能体现了包装最基本的功能（见图 1—24）。安全需求是消费者最基本的需要，他们要求产品本身的安全性，通过包装维护产品，保持出厂时最佳的形象和品质，处于包装物之中的商品本体必须是完好无损的，不能保护商品本体，并使之不受损害的包装是没有意义的。所以，根据商品本体特点商品包装分别具有抗压性、防腐性、防湿性等，这是包装的保护功能之一。另外，保护功能还要求包装器材必须安全牢靠。包装上可采用另加封条、封带或封签、附加封套等办法。

图 1—24　包装的保护功能

包装的保护作用，是满足消费者对商品安全性的心理要求，只有包装安全，才能激起消费者的惠顾动机，促成购买行为。

9. 广告作用

包装、装潢是“产品的脸”，精美的包装可以树立产品的市场形象，起到“无声推销员”的广告功能。包装上往往要标明厂家、地址、商标等内容，一方面向消费者提供保证质量、注意信誉的信息，另一方面使消费者监督产品的质量，给消费者以信任感，超大的文字标志起到了很好的广告宣传效应（见图 1—25）。醒目的广告文字起到了很好的宣传效果（见图 1—26）。

包装的广告作用是十分明显的。国外曾做过统计，到超级市场购买物品的妇女，实际购买的东西常超过原来想购买的 45%，这就是精美包装所起的广告功能，驱动消费者产生更多的购买行为。

图 1—25　超大的文字标志

图 1—26　醒目的广告文字

1.2.2　包装设计的心理策略

包装设计的心理策略，就是要求设计人员对商品本身诸因素、市场诸因素和消费者心理诸因素加以综合分析研究，从而设计出既能体现商品特点，又能适应市场竞争形势，迎合消费者心理需要的包装式样。良好的商品包装必须符合消费者的六点要求：

• 方便。包装不能太重，最好符合大多数消费者的需求和希望。例如，开口结构很好地体现了包装的方便性（见图 1—27）。

图 1—27　开口结构的包装

• 适应性。包装应具有理想的形状，大小适宜。例如，饮料杯造型上大下小的设计体现了包装的适应性（见图 1—28）。

• 安全感。包装必须使消费者确信商品是高质量的，并且确保内装物的安全性。例如，严密封闭的包装体现了内装物的安全性（见图 1—29）。

图 1—28　饮料杯造型上大下小的设计

图 1—29　严密封闭的包装

• 地位和威望。包装必须能提高消费者对商品价值的评价，艺术化的造型提高了消费者对商品价值的评价（见图 1—30）。

• 可靠性。包装必须使消费者信任商品和商品的生产者。

• 美感。包装的外形、色彩、图案等必须使消费者产生愉快的感觉。例如，精美的包扎带体现了包装的美感（见图 1—31）。

图 1—30　艺术化的造型

图 1—31　精美的包扎带

根据这些心理要求，会相应产生两种心理策略，一是以消费对象的群体特点作为主要设计依据，二是以消费个体需求特点作为设计的主要依据。

1. 消费群体特点分析设计

消费群体的特点主要表现在消费群体的性别特点和年龄特点上。

（1）根据性别特点进行设计。女性使用的商品，不仅商品本身应具备女性特点。而且它的包装也应具备女性特点，要求清秀纤巧，温柔美丽，突出艺术性和流行性。例如，女性化妆品的包装，多采用线条柔和的造型，以桃红色为基调的色彩，给人以清新、淡雅、和谐的感觉，如图 1—32 所示。男性商品的包装设计应突出男性气质，一般要求刚劲、庄重，突出科学性与实用性。例如，男性化妆品采用规则的线条造型、浓重的色彩来突出男性气质（见图 1—33）。目前也有许多心理学家提出了不同的看法，他们认为许多家庭的主要购买者是女性，因此，男性商品的包装在一定程度上也要迎合女性的心理。所以，根据性别特点设计包装时，不仅应考虑商品使用者的性别特点，而且应考虑购买者的特点。中性商品的出现，促使包装中性化，这是商品包装的一个重要趋势。

图 1—32　桃红色的化妆品包装

图 1—33　男性化妆品的包装

（2）根据消费者的年龄特点进行设计。一般而言，老年人用品包装要朴实、庄重，便于携带和使用，并具备一定的传统性和实用性。例如，老年滋补品的包装，一般突出滋补品的主要成分和饮用后延年益寿的功效介绍（见图 1—34）。中青年用品的包装要新颖、美观、大方，具有一定的科学性、流行性和时代感（见图 1—35）。少年儿童产品的包装设计则应体现少儿的心理特点，形象生动，色彩艳丽，具有一定的知识性和趣味性（见图 1—36）。美国是一个大量生产巧克力糖果的国家，生产巧克力糖果的企业设计包装时，就采用了年龄差别的心理策略：1～3 岁儿童食用的巧克力糖果，采用色彩鲜艳浓烈的包装，以吸引注意力，刺激小朋友的食欲（见图 1—37）；学龄前儿童食用的巧克力糖果的包装富于趣味性（见图 1—38）。学生食用的巧克力糖果的包装突出知识性（见图 1—39）。成年人食用的巧克力包装则显得朴素大方（见图 1—40）。

图 1—34　老年产品的包装

图 1—35　中青年产品的包装

图 1—36　少年儿童产品的包装

图 1—37　1～3 岁儿童食物的包装

图 1—38　学龄前儿童的小食品包装

图 1—39　学生食用的巧克力糖的包装

2. 消费者个体需求分析设计

（1）根据消费者求方便的心理设计包装商品

1）方便消费者挑选商品。如化妆品、食品、礼品、服装等，可以采用玻璃、塑料制作的透明包装、半透明包装等（见图 1—41 和图 1—42）。也可以采取系列式包装、标准化包装、悬挂式包装等，方便消费者挑选商品（见图 1—43）。

图 1—40　以成人为销售对象的巧克力包装

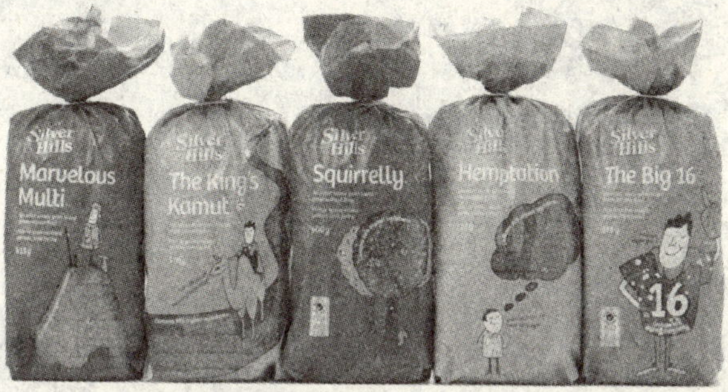

图 1—41　透明塑料袋包装

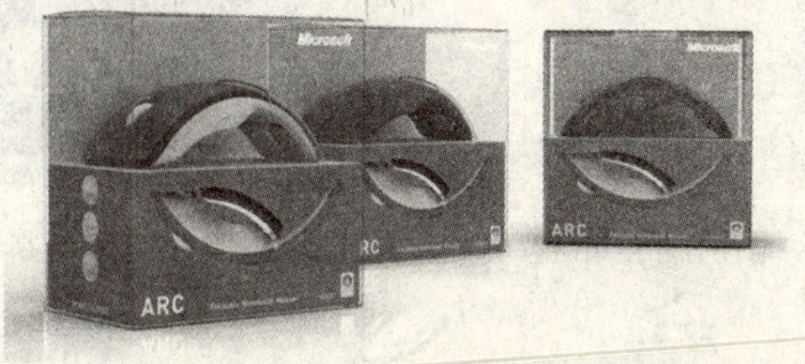

图 1—42　透明塑料盒包装

2）方便消费者使用商品，可以采用自动开启式包装，如食品罐头等；喷雾式包装，如香水、杀虫剂等；虹吸式包装，如水壶等；混合包装，如急救包、化妆品盒、食品盒、针线盒等；分量包装，如一人量饮料、快餐面等（见图 1—44）。

3）方便消费者携带商品。可以采用收缩包装（见图 1—45）、软包装（见图 1—46）、弹性包装、简易包装等，方便消费者携带商品。

4）方便商品的保鲜。可以采用充气包装（见图 1—47）、真空包装（见图 1—48）等，方便商品的保鲜。

（2）根据消费者求实心理设计包装。对消费者购买后供自己使用的部分商品，包装设

图 1—43　悬挂式包装

图 1—44　方便开启闭合和使用的包装

图 1—45　收缩包装

图 1—46　软包装

图 1—47　充气包装

计重点考虑科学性和实用性，力求以最小的包装体积承载最大的商品容量，以最合理的包装材料提供可靠的商品保护；还要通过包装给消费者介绍必要的商品知识和使用方法。产品的包装美化要与实用性目的相统一，产品包装美化所增加的商品价格要与消费者的购买能力相适应。国际包装出现新趋势，用折叠纸箱代替木箱，可以使包装具有体积小、重量轻、价格低等特点，更好地满足消费者的求实心理（见图 1—49）。

图 1—48　真空包装

图 1—49　新型折叠纸箱在水果包装中的运用

（3）根据消费者求安全可靠心理设计包装。包装必须使消费者确信商品是高质量的，因此信任商品和商品生产者。旧社会曾流传一句话，“货卖一张皮”，指的是用美好的商品包装来掩盖低劣的质量，以扩大销售，但结果只能骗人一时，最终暴露出低劣的丑面目，不仅失去了消费者的信任，而且使生产者自己“倒牌子”。这说明，包装设计必须以“货真”为前提，要求产品的外表形态与内在品质相一致，形成互相联系的统一整体。例如，中成药六神丸采用小陶瓶内包装和线装古书式样的外包装，既体现中医传统名贵配方、名成药的特性，又给人以质量可靠的安全感和古朴典雅的美感，从而增加了产品的身价，起到了推销作用。

（4）根据消费者的适应性需求设计包装。多功能的包装设计有较大的适应性。将包装设计成具有双重或多重用途，可以重复使用或周转使用。这种包装可以再次使用，商品用完后可以盛放其他物品，所以，使用寿命比商品本身寿命长（见图 1—50）。许多消费者由于受到精美包装的吸引，或想利用这个包装作其他用途而把商品连同包装一起买下来。例如，造型独特的酒瓶，可以成为有艺术欣赏价值的花瓶（见图 1—51）。有些包装本身可以兼作室内装饰品等。这种形式的包装，具有较长的耐用性和较高的艺术性，虽然它的成本较高，但许多消费者仍然愿意购买。对企业来说，这种多功能、再使用包装是有效时间较长的广告宣传品，它可以使消费者对厂牌、商标、商品印象特别深刻。

（5）根据消费者的不同层次设计包装。不同层次、不同职业的消费者，有不同的社会价值观念，针对这种差异心理设计不同的包装是重要的心理策略，常见的有等级包装、附赠品包装、系列包装等。

1）等级包装。按照商品的等级或消费者购后的用途，设计不同特色的包装。高档的

图 1—50　茶叶铁罐包装

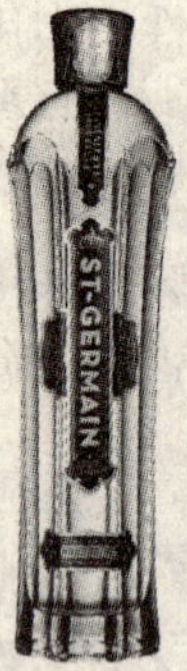

图 1—51　造型独特的酒瓶

商品，采用精益求精的设计、上等的包装材料、单纯的画面、雅洁的色彩等，在一般情况下，使人觉得分量不太多，以满足“物以稀为贵”的心理（见图 1—52）。低档商品则采用一般的材料、浓重的色彩，尽量使人觉得分量较多，给人以物美价廉的印象（见图 1—53）。不同层次的消费者对商品包装有不同的要求。高档包装突出商品的名贵高雅，中低档包装则突出商品的经济实惠。

图 1—52　高档金属材质包装

2）附赠品包装。在包装上或包装内附赠图片、玩具、奖券、球票、餐票、旅行机票等，使消费者受好奇心理和侥幸心理的驱使而重复购买，以提高商品的销售量。这是国外厂商惯用的包装策略。近年来，我国一些外销商品也开始采用。例如，我国出口的太湖牌珍珠霜，在包装外附赠一颗光彩夺目的太湖珍珠，只要消费者购买 50 瓶，就相当于得到一条名贵的珍珠项链，结果在国际市场上销售甚佳。这种包装的目的是激发消费者的购买兴趣，促使其产生连续购买行为。

3）系列化包装。同一企业生产的不同产品，采用相同容器造型相同、装潢设计不同或者采用相同容器造型不同、装潢设计相同的设计，叫做系列化包装（见图 1—54 和图 1—55）。这样的包装策略可以缩短消费者的认识过程，使他们对产品有完整而深刻的印象。所以，一般名牌产品都喜欢采用这种策略，而不轻易更换包装。

图 1—53　中低档包装

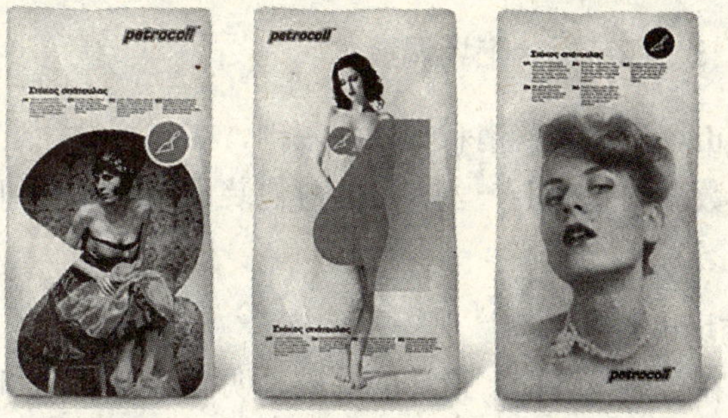

图 1—54　装潢设计系列化包装

图 1—55　容器造型系列化包装设计

（6）根据消费者的流动性设计包装。设计购物袋包装，使购物袋成为活动性广告媒体，从而达到促销目的。在商店购买商品时，或者是在产品展览会上，许多消费者会得到厂家主动赠送的购物袋（纸制或塑料制的）。这时消费者会心情愉悦地接受，因为它给物品携带带来了很大的方便。这种赠送购物袋的做法，一方面是一种友好的提供便利的服务性手段，另一方面是利用人的流动性，为产品做活动广告，使每一位受赠者为生产企业和产品做广告性宣传。购物袋具备三个作用，即方便性、实用性和广告性（见图 1—56）。

图 1—56　包装购物袋方便性、实用性和广告性的作用

1.2.3 包装设计市场调查

市场调查是营销和策划的基础，在包装设计过程中起关键作用。只有在市场调查获得充分数据的基础上，才有可能对包装设计的环境和对象进行分析，制订出针对性很强的设计方案。

1. 市场调查的内容

在包装设计前，设计的基础是明确设计目标和条件，为此必须对市场进行细致的设计动态的调查分析。具体调研内容包括以下几个方面：

（1）了解设计的要求。

（2）了解需要设计新包装的原因，是新产品新设计，还是现有产品包装改进的原因。

（3）了解同类产品的包装特点，特别是竞争对手的优劣点，包括国内外包装的现状。

（4）了解产品是否出口，出口到哪些国家和地区。

（5）了解那里的地理环境、气候条件、民族风俗如何。

（6）了解有什么特殊爱好和禁忌。

（7）了解产品的销售对象及其使用者的性别、年龄、职业、文化程度等。

（8）了解商品销售时的陈列形式，如货架陈列、柜台陈列、特殊陈列等。

通过市场调查，掌握市场与产品的特点后，设计部门要综合分析，提出产品包装设计的初步设想。

包装设计完成后，通过市场调查，征求消费者对设计方案的意见，是决定包装产品能否最终推向市场的关键。市场和消费者是包装设计最有权威的评判者和验收者，包装画面无论怎样完美，若不被消费者接受，也是不能采用的。

2. 市场调查的方法和流程

市场调查按其资料来源加以区分，可分为文献调查和实地调查两大类。在包装设计过程中，较多的是采用实地调查的方法。实地调查的方法有很多，一般常用的有人员走访、电话探访、邮件查询、商场观察等。

包装设计前，可以在同类商品中选取 5～10 种进行各项要求的对比性分析，并给出详细的报告，实物资料可提供照片或彩色速写。

包装设计完成后，除了个别调查和召开研讨会以外，还可以采用以下办法确定方案：

（1）按标准评分的方法。标准可定为突出、识别、心理与感情共鸣、实用可靠等，由消费者对同一产品的不同设计方案打分，最后确定优秀方案。

（2）采用视觉因素调研的方法。如通过带有特殊镜头的幻灯机，将包装方案展示在消费者的面前，快门速度由几千分之一秒往下减速放映，察看人们用了多长时间才看清牌子；也可以把无数包装设计方案混杂陈列在货架上，让人们目测哪种包装设计最有吸引力。

（3）采用牌名联想试验。把每种预想的牌名告诉被访者，让他们提看法，谈联想。若讲的是美好的联想，和设计者的联想与设计意图一致，则证明该设想是成功的；也可以将牌名预先告诉被访者，数日后问问他们是否记得住，记得住的牌名可优先考虑。

1.3 包装设计定位

对于包装设计来说，找对设计的方向，比什么都重要。包装定位设计有品牌定位、产品定位和消费者定位三个方面。

1.3.1 品牌定位

品牌包括商标和牌号，它向消费者表明是谁家生产的。商标牌号是商品生产厂家的标志。如果是新设计的商标牌号，其本身就有一个定位设计的问题。商标牌号的设计定位，一是联系商品，二是联系生产厂家，三是应易认易记。

商标牌号要与商品属性相一致，不要起一些莫名其妙的名字。如“资生堂”化妆品、“肯德基”快餐等这些牌号很能代表商品性质，因此很容易为人们所接受。

牌号突出企业形象，与生产厂家相联系。例如，上海杏花楼是人们所熟悉的食品厂家，食品的牌号统一以其命名，即使是新产品，也能给人以一种可信任感。

商标牌号应让消费者易认易记，设计定位就应考虑运用独特的图形，及具有标识性的色彩与字体，以突出品牌的视觉形象。

1. 突出品牌的色彩

包装色彩比文字、图形更容易引起人们的注意。使用企业形象标准色，会令产品包装形成独特面貌，在消费者头脑里形成固定的品牌色印象。如柯达、富士胶卷，不用仔细看外包装的文字，就知道黄色是“柯达”，绿色是“富士”（见图 1—57）。

2. 突出品牌的图形

品牌的图形包括宣传形象、卡通造型、辅助图形等，在包装设计中以发挥主要图形的表现力为主，使消费者在印象中产生图形与产品木身的联想，有利于产品宣传的形象性和生动性的体现，如日本麒麟啤酒包装上的麒麟形象以及包装上出现的各种卡通形象（见图 1—58）。

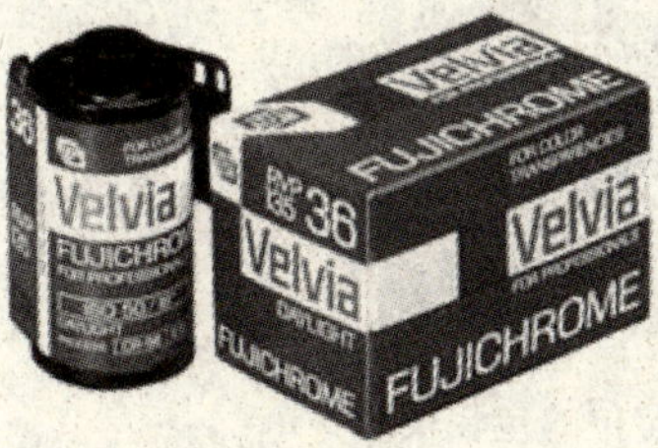

图 1—57　富士胶卷品牌色在包装中的运用

图 1—58　突出品牌图形的包装设计

3. 突出品牌的字体形象

由于品牌的字体形象可读性和不重复性而成为突出品牌个性的主要表现之一。如可口可乐的品牌字体（见图 1—59），摩托罗拉的“M”字母形象，在包装中都构成形象表现力的最主要部分。

图 1—59　可口可乐包装中的品牌字体

1.3.2　产品定位

产品定位是指企业对用什么样的产品来满足目标消费者或目标消费市场的需求。它包括产品的产地、原料、加工方法、用途、用法、档次等，这些都可以作为设计的切入点。

1. 产品品种定位

许多同类产品的品种很多，例如，奶粉有全脂、半脱脂、全脱脂、母乳化、氨基酸、多维、速溶等品种，所以，包装设计中就需要强调该产品是属于哪一种的，以表明各自产品的特性。有的产品之间区别很小，设计时更应精心构思，务必使其与其他产品区分开来（见图 1—60）。

图 1—60　同类产品中品种定位的包装设计

2. 产品产地定位

产品产地定位能表达强烈的地方特色，可以用图形反映产品的出产地区，以显示产品特质。产品产地定位一般常用于旅游产品、酒类、土特产品、茶叶等的包装（见图 1—61）。

图 1—61　地方特色强烈的包装设计

3. 产品特色定位

由于产品的原材料、生产工艺、使用功能、造型、色彩等各不相同，各自具有一定的特色。就是一些同类产品之间也会有不同的特色，因此，在包装设计中应该强调这些特色，以区别其他同类产品（见图 1—62）。

图 1—62　将不同生产工艺作为产品特色定位的各类茶叶包装设计

4. 产品使用时间定位

有些产品的使用具有一定的时间性，画面上就应设法体现出产品使用时间性的概念。例如，“白加黑”感冒片包装设计，整个药盒“五五对半开”，左边是白色，画着一个小太阳，右边是灰色，挂着一个弯月亮，清晰地展现其“白”加“黑”的产品特点。另外，一些化妆品中有的用于晨妆，有的则在夜间就寝前使用，有的是在晒日光浴时使用，起防护皮肤的作用。再如，一些结婚礼品、生日礼品等产品的使用，都有一定的时间性。

5. 产品档次定位

产品档次定位主要根据产品价格来考虑包装设计，一般说来，价格反映产品的质量水平。不能把低档次产品的包装设计得很华贵，使生产成本及销售价格提高，从而增加消费者的负担，使人不敢问津；也不能把高档产品的包装设计成低档产品的包装，起不到增值的作用。但是，低档包装不等于粗制滥造，高档包装也不能过分奢侈。

1.3.3 消费者定位

一般消费者购买商品前后，有复杂的心理活动和追求，有的追求物美价廉，有的求美求新，有的求名增辉等。因此，消费者定位的含义是告诉消费者产品是为谁生产的，消费对象是谁。成功运用消费者定位，可以将包装设计个性化，从而树立独特的品牌形象和品牌个性（见图 1—63）。例如，百事可乐定位于“新一代的可乐”，抓住新生代崇拜歌星偶像的心理特征。请众多歌星做广告代言人并在罐体包装上印上形象。在这些偶像掀起的阵阵狂潮中，新生代成了百事的“俘虏”，而“百事”也成为“年轻、活泼、时代”的象征（见图 1—64）。

图 1—63　以老人为消费者定位的包装设计

图 1—64　百事可乐的足球巨星广告

上述三点定位方法包装设计中常用的定位设计方法，包装设计师应该灵活运用，通过三种方法之间不同的组合，创造出其他不同类型的定位思路，如品牌定位和产品定位相结合（见图 1—65）、品牌定位和消费者定位相结合（见图 1—66）、产品定位和消费者定位相结合等。

图 1—65　以品牌＋产品为定位方法的立顿茶叶包装

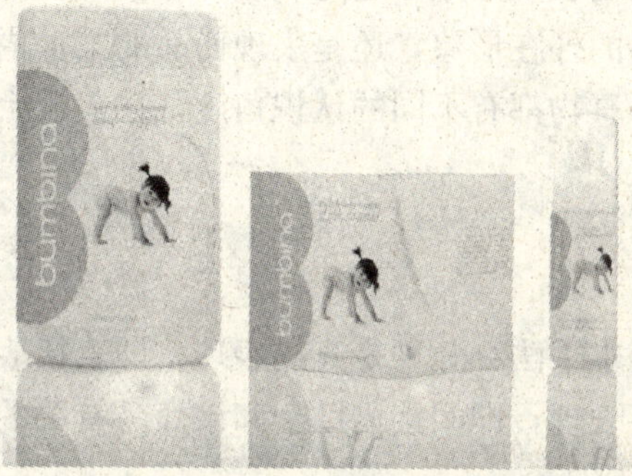

图 1—66　以品牌＋消费者为定位方法的宝宝用品包装

1.4　包装设计构思

构思是设计的灵魂。在设计创作中很难有固定的构思方法和构思程序，创作多是由不成熟到成熟的，在这一过程中不断的肯定和否定，修改和补充。构思的核心在于考虑表现什么和如何表现，即表现重点、表现角度、表现手法和表现形式。

1.4.1　构思表现重点

构思表现重点是指表现内容的集中点。包装设计在有限画面内进行，这是空间上的局限性。同时，在销售中包装又是在短暂的时间内为购买者认识，这是时间上的局限性。这种时空限制要求包装设计不能盲目求全，面面俱到。

重点的确定要对商品、消费、销售三个方面的有关资料进行比较和选择，选择的基本点是有利于提高销售。确定重点的因素包括该商品的商标形象、牌号含义，该商品的功能效用、质地属性，该商品的产地背景、地方因素，该商品的集卖地背景、消费对象，该商品与现类产品的区别，该商品同类包装设计的状况，该商品的其他有关特征等。

这些都是设计构思的媒介性资料。设计时要尽可能多地了解有关资料，加以比较和选择，进而确定表现重点。因此，设计者要有丰富的有关商品、市场住处及生活知识、文化知识的积累。积累越多，构思的天地越广，路子也越多，重点的选择也越有基础。

重点的选择主要包括商标牌号、商品本身和消费对象三个方面。一些具有著名商标或牌号的产品可以用商标牌号作为表现重点；一些具有较突出的某种特色的产品或新产品的包装则可以用产品本身作为表现重点；一些对使用者针对性强的商品包装可以以消费者作为表现重点。总之，不论如何表现，都要以传达明确的内容和信息作为表现重点。

1.4.2 构思表现角度

确定表现重点后，表现角度的确定即是进一步深化设计的具体突破口。需要确定：如以商标、牌号为表现重点，是表现形象，还是表现牌号所具有的某种含义。如果以商品本身为表现重点，是表现商品的外在形象，还是表现商品的某种内在属性；是表现其组成成分，还是表现其功能效用。事物都有不同的认识角度，在表现上比较集中于一个角度，这将有益于表现的鲜明性。

1.4.3 构思表现手法

表现手法通常有两种基本手法：一种是直接表现，即直接表现商品的特殊性特质、特征、特点等；另一种是间接表现，即间接借助于和该商品有关的其他事物与因素来表现商品个性。

1. 直接表现

直接表现指表现重点是内容物本身。包括表现其外观形态或用途、用法等。最常用的方法是运用摄影图片或开窗来表现，如图 1—67、图 1—68 所示。

图 1—67　运用摄影图片直接表现的包装设计

图 1—68　运用开窗来表现包装内装物

除了直接表现外，还有以下一些辅助的直接表现手法。

（1）衬托。衬托可以使主体得到更充分的表现。衬托的形象可以是具象的，也可以是抽象的，处理时不要喧宾夺主（见图 1—69）。

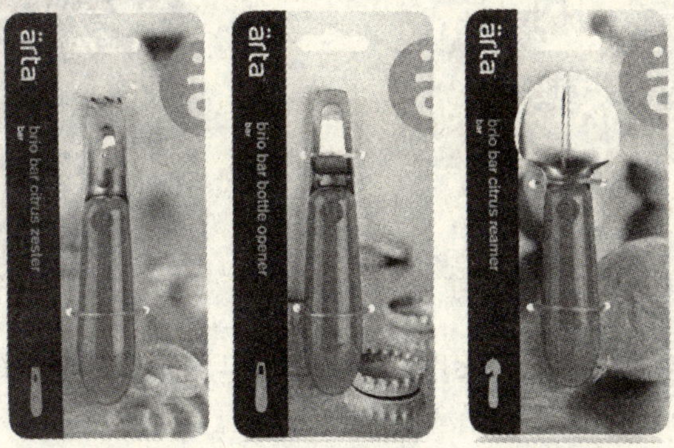

图 1—69　用背景图案衬托表现的包装物

（2）对比。这是衬托的一种转化形式，也称为反衬，对于是从反面衬托使主体在反衬对比中得到更强烈的表现。对比部分可以是具象的，也可以是抽象的（见图 1—70）。

（3）归纳。对主体形象加以简化处理，经过对形与色的概括提炼，使商品特征更清晰，使主体形象趋向简洁单纯（见图 1—71）。

图 1—70　包装内装物的肉和外包装上的绿色蔬菜明显的对比

图 1—71　归纳手法在包装设计中的运用

（4）夸张。把表现的主题或内容中最有特点的部分加以突出或夸大、强调、变形、变色等，使形象改变常态，产生多种意象化情趣，以变化求鲜明，使主体形象更生动（见图 1—72）。包装画面的夸张一般要注意可爱、生动、有趣、合乎情理的特点，而不宜采用丑化的形式。

（5）特写。选取能表现商品最典型、最关键的局部作为画面主体加以突出，即大取大舍，以局部表现整体的处理手法，以使主体的特点得到更集中的表现（见图 1—73）。

图 1—72　夸张手法在包装设计中的运用

图 1—73　特写手法在包装设计中的运用

2. 间接表现

有些商品无法或很难直接表现，如香水、酒类、牙膏、洗衣粉等，需要以间接表现手法来处理。间接表现是比较内在的表现手法，它借助于其他有关事物来表现该对象。这种手法具有更加宽广的表现，在构思上往往用于表现内容物的某种属性或牌号、意念等。

（1）比喻。比喻是借它物比此物，是由此及彼的手法，所采用的比喻成分必须是大多数人所共同了解的具体事物、具体形象，这就要求设计者具有比较丰富的生活知识和文化修养（见图 1—74）。通常以荷花喻清纯、以牡丹喻富贵、以鸳鸯喻爱情、以星空喻高科技、以雪花喻电冰箱等。

（2）联想。联想是借助于某种形象引导观者的认识向一定方向集中，由观者产生的联想来补充画面上所没有直接交代的东西，如图 1—75 所示。人们观看一件设计作品时，并不只是简单的视觉接受，而总会产生一定的心理活动。一定心理活动的意识取决于设计的表现，这是联想应用的心理基础。联想所借助的媒介形象比比喻形象更灵活，它可以具象，也可以抽象。各种具体的、抽象的形象都可以引起人们一定的联想，人们可以从具象的鲜花想到幸福，由蝌蚪想到青蛙，由金字塔想到埃及，由落叶想到秋天等；也可以从抽象的木纹想到山河，由水平线想到天海之际，由绿色想到草原森林，由流水想到逝去的时光等。

图 1—74　用衬衫领带比喻男性的男性日用品包装设计

图 1—75　花在包装中的运用使消费者产生各种联想

(3) 象征。象征是比喻与联想相结合的转化，在表现的含义上更抽象含蓄。在包装设计中，主要体现为在多数消费者共识的基础上，表达品牌的特定指向和商品的抽象属性。如用长城与黄河象征中华民族，金字塔象征埃及的古老文明，枫叶象征加拿大等。作为象征的媒介在含义表达上应当具有一种不能任意变动的永久性。在象征表现中，色彩象征性的运用也很重要（见图 1—76）。

(4) 装饰。一些礼品包装往往不直接采用比喻、联想或象征手法，而以装饰性的手法表现，在运用装饰手法时要注意一定的意向与风格倾向性，以引导观者感受的视觉趣味（见图 1—77）。

图 1—76　白色纹路象征着奶牛，棕色纹路象征着巧克力

图 1—77　传统装饰元素在包装设计中的运用

1.4.4　构思表现形式

表现形式是设计的视觉传达样式，是设计表达的语言技巧。包括构成形式、造型形式、结构形式、文字形式、图形形式、色彩形式等。

表现形式的因素包括以下几个方面：

主体图形与非主体图形如何设计，用照片还是绘画，具象还是抽象，写实还是写意，归纳还是夸张，是否采用一定的工艺形式，面积大小如何等。

色彩总的基调如何，各部分色块的色相、明度、纯度如何把握，不同色块相互关系如何，不同色彩有面积变化如何等。

商品牌号与品名字体如何设计，字体的大小如何安排。

商标、主体文字与主体图形的位置编排如何处理，形、色、字各部分相互构成关系如何，以一种什么样的编排来构成。

是否要加以辅助性的装饰处理，在使用金、银和肌理、质地变化等方面如何考虑等。这些都要在形式考虑的全过程中加以推敲。

1.5 包装设计开发程序

包装设计开发分为包装系统设计与项目设计两类，包装系统设计对所有包装环节进行综合设计和合理有效的组合；包装项目设计则是对独立的环节进行科学和优化设计，两者是整体和个体、全部和环节的关系。

包装系统设计主要包括编制包装设计商业计划、包装创意与设计表现、设计执行等阶段。

1.5.1 编制包装设计商业计划书阶段

编制包装项目商业计划书实际是前期调研和分析的过程，包装项目商业计划书主要包括以下内容：

1. 概述

概述是商业计划书的浓缩，通过简短的文字让客户了解设计的基本情况。

2. 产业背景和公司概述

产业背景和公司概述包括项目背景和市场的详细描述、公司的优缺点等信息。

3. 市场调研和分析

市场调研表明的是对市场了解的程度，对不同的包装项目，市场调查的内容应该有所区别，例如，新产品的包装项目，重点考虑消费者的消费观念、价格接受程度、同类产品市场占有率等，而改进型包装设计，则考虑原材料价格、设备技术水平等。一般包装项目可以从以下角度重点阐述。

（1）同类企业、同类产品的包装现状。

（2）产品的流行现状与发展趋势。

（3）消费者定位研究。

（4）产品定位研究。

4. 安排进度

包括产品考察、包装创意、包装设计（包装装潢设计和结构造型设计）、包装打样、包装测试、设备安装、试生产等的进度安排，期间可能还有设备招标、制作招标、费用结算、验收等不同环节的内容。

5. 成立项目团队

成立项目团队是落实商业计划书各项内容最好的人力保障。在整个包装系统化设计过程中，除了人们最熟悉的装潢设计师之外，还包括运输包装设计师、品质包装设计师、包装材料工程师、包装机械工程师、包装测试工程等重要团队成员等。

6. 包装项目经济状况

包装项目经济状况，主要包括包装成本核算和品质改善，包装成本核算应该用相应的表格罗列。表 1—1 所示为某饮料厂聚酯（PET）塑料瓶装苹果汁某年份的包装成本核算明细表。

表 1—1　　聚酯（PET）塑料瓶装苹果汁包装成本核算明细表

项目	材料及其他	成本（元/万瓶）	比例	备注
瓶盖	聚丙烯（PP）	500	5%	—
瓶	聚酯（PET）	5 000	50%	—
标签	聚氯乙烯（PVC）	500	5%	—
包装纸托	瓦楞纸板	800	8%	—
包装膜	聚乙烯（PE）	1 000	10%	—
直接包装设备	灌装、旋盖、打码、清洗等设备	800	8%	按 8 年期设备折旧
运输费用	—	400	4%	厂外
仓储费用	—	100	1%	厂内
管理费用	—	200	2%	—
直接包装工资	生产线和辅助岗位	500	5%	—
水、电消耗	包装过程中的消耗	200	2%	—
合计	—	10 000	100%	—

包装成本核算所列的项目越多、越细，效益计算的精准度就越可靠。

1.5.2　包装创意与设计表现阶段

1. 项目归类

按照包装项目归类可分为完全创新设计、改进设计、适应设计、质量改进设计等。

（1）完全创新设计。新产品采用新包装，每一个新产品都存在一个包装创新设计的问题。完全创意设计主要考虑市场机会，设计师应该主要考虑与市场接轨的问题。

完全创新设计分两个方面，一是新产品的包装设计，二是老产品的包装设计。市场上正在出售的产品由于时代发展或者滞销等原因需要重新设计包装，除了考虑创新以外，还要考虑继承问题，因此会比新产品的完全创新设计难度更大。如图 1—78a 所示的包装是图 1—78b 包装的更新设计，新包装无论从瓶贴的造型和设计，还是瓶盖的造型和材质以及瓶体造型都有较大的创新。

（2）改进设计。改进设计要考虑包装的继承性，以免因包装改进而失去老的消费群。一个产品存在包装缺陷，如果是小修小补的问题，对市场的销售影响不大，因此，设计师的精力应该放在解决问题方上。改进前后的设计在包装结构造型、色彩色调及文字运用等整体风格方面变化不大，改进后的包装增加该茶叶泡成茶后的直观图片，让消费者对该茶叶品种有了更直观的了解，能更好地促进该茶叶的销售（见图 1—79）。

a)　　b)

图 1—78　老产品包装的更新设计

a）更新后设计　b）老的设计

a)　　b)

图 1—79　茶叶包装改进前后对比

a）改进前　b）改进后

（3）适应设计。适应设计是为了适应设备等而提出的新包装创意。如果包装改进后的变化比较大，就要重新考虑适应市场的问题。

（4）质量改进设计。质量改进设计是为了加强对包装产品的保护功能或方便性功能等角度而进行的新包装创意。改进后的包装在瓶盖部分安装了封条，既增加了美观性，又起到了防窃保护的作用（见图 1—80）。

a)　　b)

图 1—80　质量改进设计前后对比

a）改进前　b）改进后

每一种设计类型都有特点，关注点不同，项目中需要做的工作也有较大的差异，因此，对包装创意设计加以正确分类是必要的。

2. 包装创意与设计表现

包装创意与设计表现过程主要包括包装创意、包装装潢设计、包装结构与造型设计三个过程。设计者依据策划得出的策略与方针，予以视觉化的表达，即对材料、造型、结构、图形、文字、色彩及系列化配套的具体处理。

（1）构思及草稿。明确设计方向后用文字表述较具体的创意切入点。草图是用铅笔或简易色彩工具，在不受限制的画面下大胆勾勒设计稿。充分发挥想象力，尝试多种构成手法与表现形式，并产生一定的数量，以便于进行多角度的比较筛选（见图 1—81 和图 1—82）。

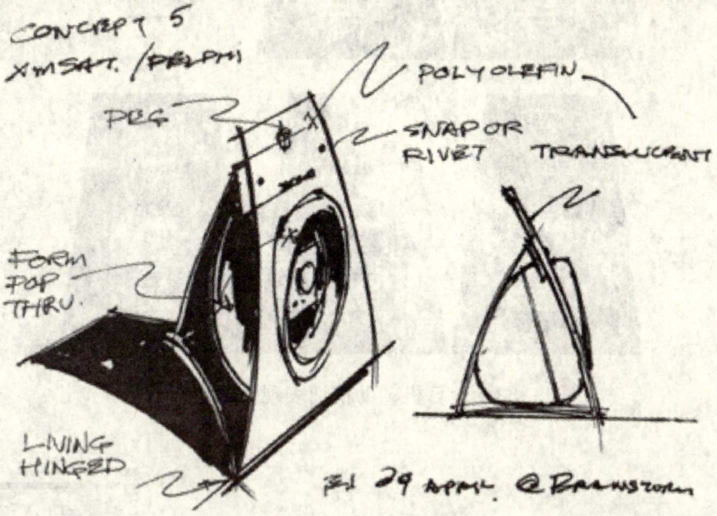

图 1—81　构思及草稿

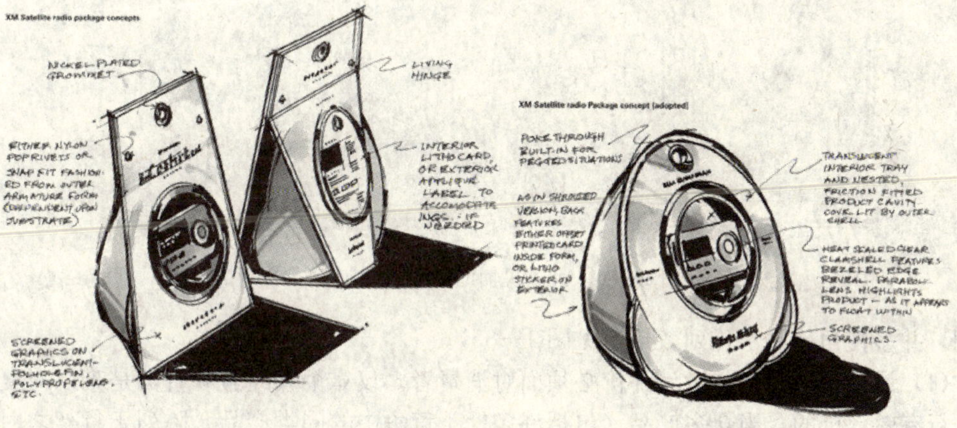

图 1—82　精细化手绘表现图样

（2）初稿。在草图稿中选择比较合适的方案，通过计算机辅助设计软件，按照包装实样 1∶1 的比例绘制编排效果，进行图文的精细表达（见图 1—83 和图 1—84）。

（3）效果图。借助于三维软件，从图形、色彩、造型、材质等方面模拟包装成型的效

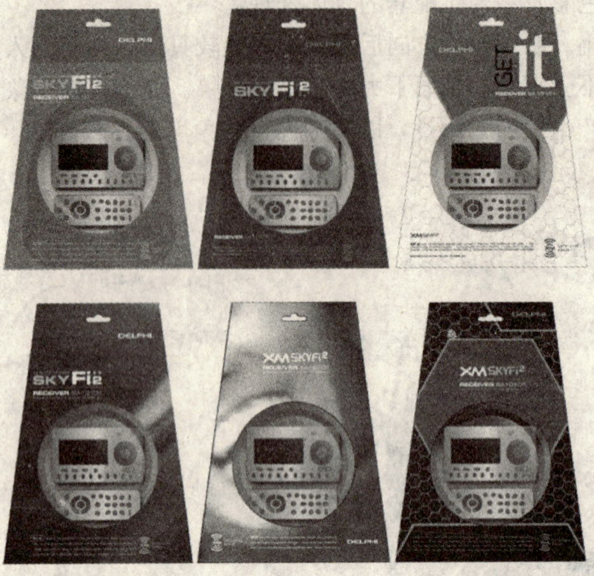

图 1—83　计算机辅助精细表现平面装潢效果

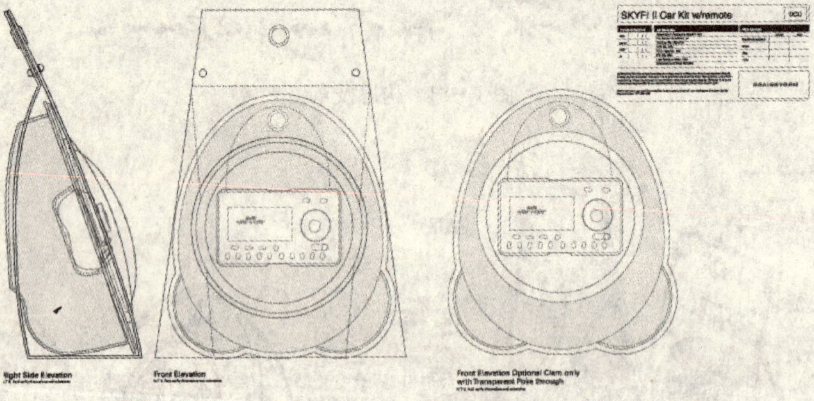

图 1—84　计算机辅助精细表现包装结构

果图，并多视角地展示陈列效果（见图 1—85）。

（4）设计评价。包装设计评价必须面对消费者。仅靠个人经验和直觉是难以对复杂包装进行有效评价的。当众多产品（包括许多处于竞争中的同类产品）陈列于货架之时，产品之间才有了较量的战场，消费者对产品包装的反应才能真正说明问题，这才是最真实的评价方法。常用的评价方法有两种，即眼球跟踪法和网络在线调查法。

为了评价更接近于真实状况，需要模拟现实环境，从三个方面度量包装设计在市场中的综合表现：

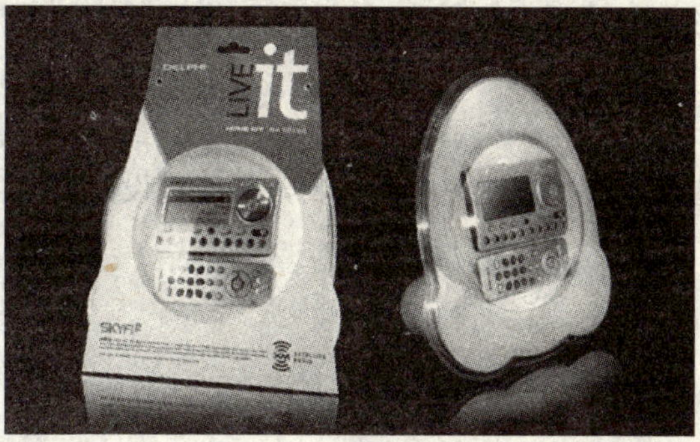

图 1—85　计算机辅助三维成型效果

1）视觉冲击力。它是衡量包装在货架上“鹤立鸡群”的能力。

2）发现能力。它是决定消费者怎样能够在众多的产品中将目光定位在目标包装上。

3）意象力。它评价的是包装传达的“思想”和“感觉”。

1.5.3　设计执行阶段

设计执行阶段是落实大批量制造与印刷等工艺程序的业务活动。

1. 定稿

将设计样品与原有包装，及同类产品不同品牌包装并列比较，研讨对比新方案的视觉效果，并试验观察货架展示及陈列效果，表现共同的特征。

将方案提交委托厂家，对材料、造型与视觉传达等每一单元细节及制作工艺计划进行调整与协调沟通，并取得认可后定稿。

2. 完稿制作

确定构图细则、表现技巧、细部肌理、尺寸大小、颜色分版、印刷条件、注意事项等。进行包装产品及人物的摄影制作、图形绘制、文字绘制与照相植字、色彩样卡的选择与确定、拼版等。

3. 印刷与工艺处理

正式印刷前，可先打样，做色彩的最后修正及局部调整，以免大批量生产时不符合品质要求，造成生产损失。包装产品印刷后还必须有一些工艺上的处理，如覆膜、模切、糊盒等。

单元测试题

1. 巧克力包装设计

设计一个巧克力的包装，品牌为“金芙”，销售对象为情人节情人；表现方式不定，价位高档；包装结构形态为纸盒，类型不限，大小不限；文字素材不限；相关图片可以通过网络搜索获得。

2. 包装改进设计

要求是从市场上选择一款不满意的白酒包装，并改进设计。

第 2 单元

包装商业化艺术设计

2.1　VI 设计在包装中的运用　/44
2.2　标志设计　/57
2.3　系列化包装设计　/72

2.1 VI 设计在包装中的运用

2.1.1 VI 设计的概念

视觉识别系统（visual identity，VI）是企业形象识别系统（corporate identity system，CIS）最具传播力和感染力的部分，是将 CIS 的非可视内容转化为静态的视觉识别符号，以无比丰富的多样的应用形式，在最广泛的层面上，进行最直接的传播。设计到位、实施科学的视觉识别系统，是传播企业经营理念、扩大企业知名度、塑造企业形象的快速便捷的通道。

人们所感知的外部信息，有 83%是通过视觉通道到达人们心智的。也就是说，视觉是人们接受外部信息最重要的通道（见图 2—1）。在品牌营销的今天，没有 VI 设计，对一个现代企业来说，就意味着它的形象将淹没于商海之中，让人辨别不清；就意味着它是缺少灵魂的赚钱机器；就意味着它的产品与服务毫无个性，消费者对它毫无眷恋；就意味着团队的涣散和低落的士气。

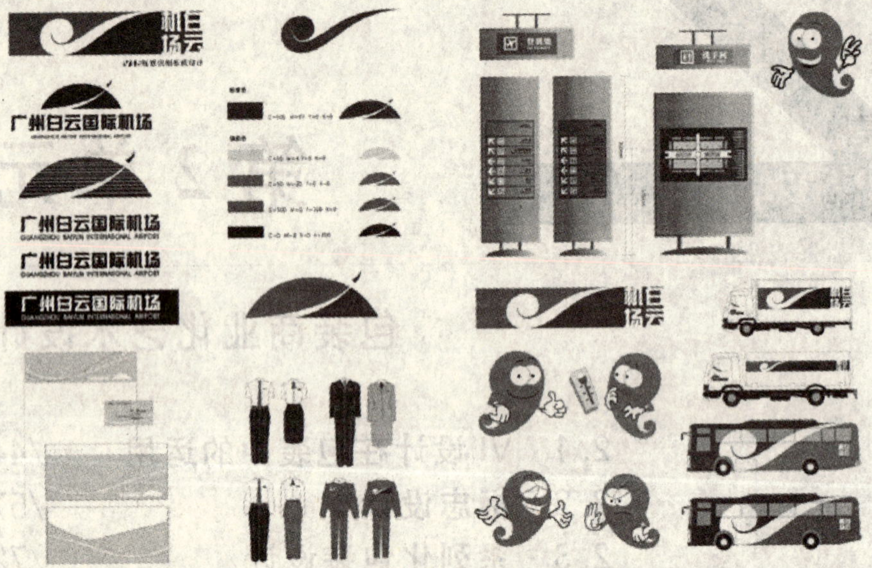

图 2—1 VI 系统设计

VI 设计一般包括基础要素和应用要素两大内容。

1. 基本要素

VI 设计的基本要素系统严格规定了标志图形的标志、中英文字体形、标准色彩、企业象征图案及其组合形式，从根本上规范了企业的视觉基本要素。基本要素系统包括企业标志、企业标准字（企业名称或象征图案）、标准色彩、组合应用等。

（1）企业标志。企业标志是特定企业的象征性识别符号，是 VI 设计系统的核心基础。企业标志是通过简练的造型、生动的形象来传达企业的理念，具有内容、产品特性等信息。标志的设计不仅要具有强烈的视觉冲击力，而且要表达独特的个性和时代感，必须广泛地适应各种媒体、材料及用品的制作（见图 2—2）。其表现形式可分为图形表现、文字表现、综合表现三个方面。企业标志要以固定不变的标准原型在 CIS 设计形态中应用，设计时必须绘制出标准比例图，并表达出标志的轮廓、线条、距离等精密的数值。其制图可采用方格表示法，按照比例表示和多圆弧角度表示，以便标志在放大或缩小时能精确描绘和准确复制（见图 2—3）。

图 2—2　企业标志

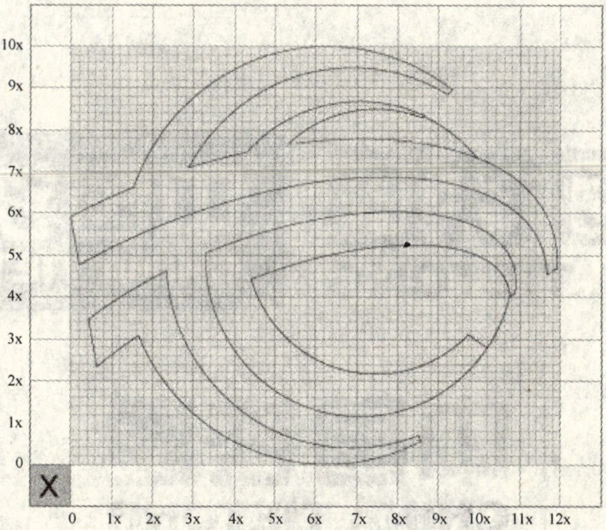

图 2—3　企业标志方格制图

（2）企业标准字体。企业标准字可用中文、英文或其他文字字体，标准字体是根据企业名称、企业牌名和企业地址等来设计的。标准字体的选用要有明确的说明性，直接传达企业、品牌的名称并强化企业形象。可根据使用的不同，采用企业的全称或简称来确定，字体的设计，要求字形正确、富于美感并易于识读，在字体线条粗细处理和笔画上、结构上要尽量清晰简化和富有装饰感。在设计时要考虑字体与标志在组合时的协调统一，对字距和造型要作周密的规划，注意字体的系统性和延展性，以适应于各种媒体和不同材料的制作，适应于各种物品大小尺寸的应用。企业标准字体的笔画、结构和字形的设计也可体现企业精神、经营理念和产品特性，其标准制图方法是将标准字配置于适宜的方格或斜格之中，并标明字体的高、宽和角度等位置关系（见图 2—4 和图 2—5）。

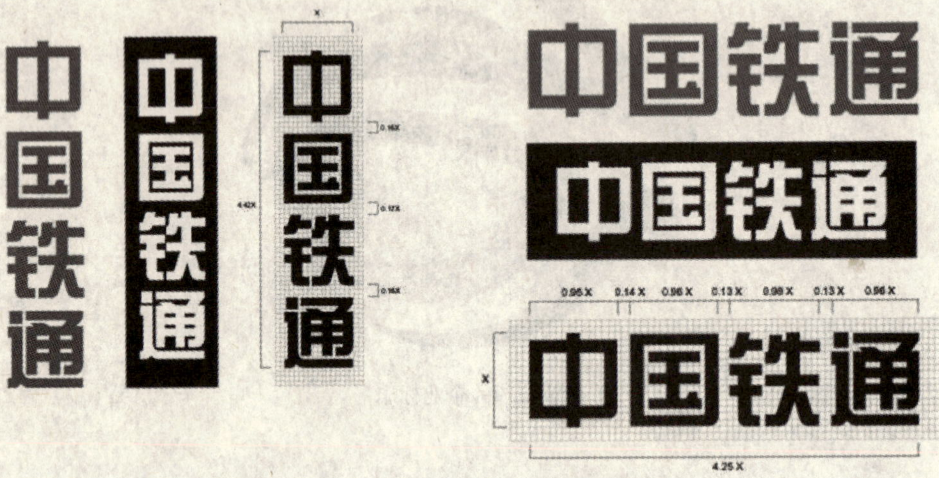

图 2—4　企业标准中文字体

图 2—5　企业标准中英文字体

（3）企业标准色。企业标准色是用来象征企业，并应用在所有媒介上的指定色彩。透过色彩的心理感觉，可表现出企业的经营理念和产品的特质，体现企业的属性和情感。标准色具有强烈的识别效应。确定企业标准色要根据企业的行业属性，突出企业与同行的差别，并创造出与众不同的色彩效果（见图 2—6）。

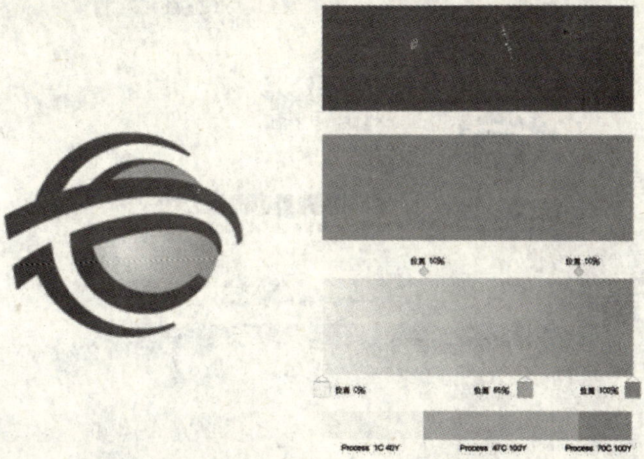

图 2—6　企业标准色

（4）标志和标准字的组合。标志和标准字的组合是指对企业标志、标准字、标准色等基本要素组合起来运用。为方便制作和使用，确保企业 VI 的统一性和系统化，要绘制出组合的结构图（见图 2—7）。

图 2—7　标志和标准字的组合

2. 应用要素

（1）办公事务用品。如信封、信纸、便笺、名片、徽章、工作证、请柬、文件夹、介绍信、账票、备忘录、资料袋、公文表格等，企业名片设计如图 2—8 所示。

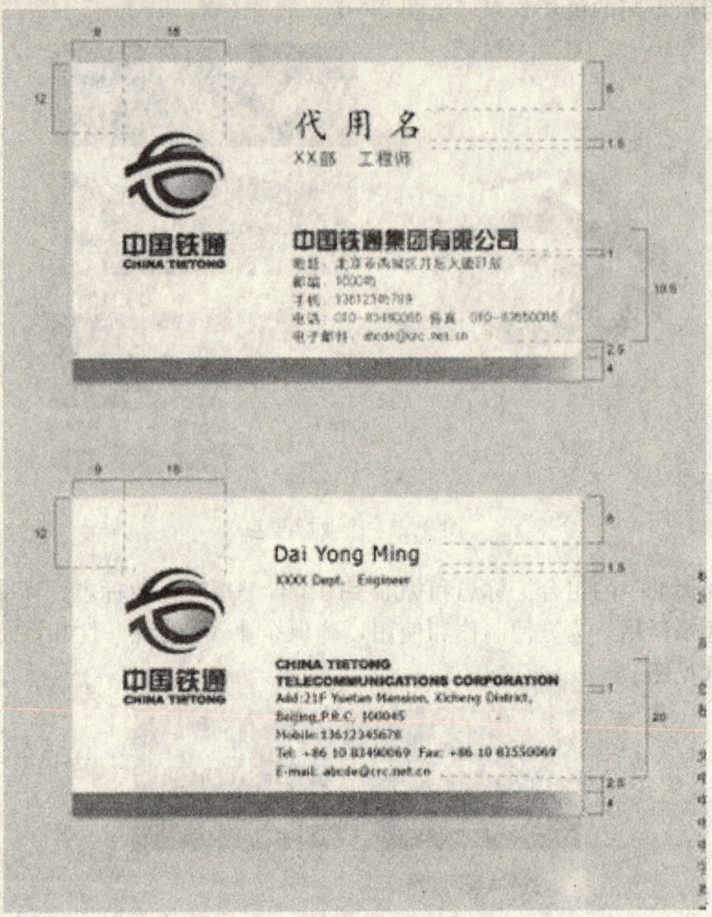

图 2—8 企业职工名片设计

（2）企业外部建筑环境。如建筑造型、企业旗帜、企业门面、企业招牌、公共标志牌、路标指示牌、广告塔、霓虹灯广告、庭院美化等。

（3）企业内部建筑环境。如企业内部各部门标志牌、常用标志牌、楼层标志牌、企业形象牌、旗帜、广告牌、购买点广告、货架标牌等，企业桌牌的设计如图 2—9 所示。

（4）交通工具。如轿车、面包车、大巴士、货车、工具车、油罐车、轮船、飞机等。

（5）服装服饰。如经理制服、管理人员制服、员工制服、礼仪制服、文化衫、领带、工作帽、纽扣、肩章、胸卡等，胸卡的设计如图 2—10 所示。

（6）广告媒体。如电视广告、杂志广告、报纸广告、网络广告、路牌广告、招贴广

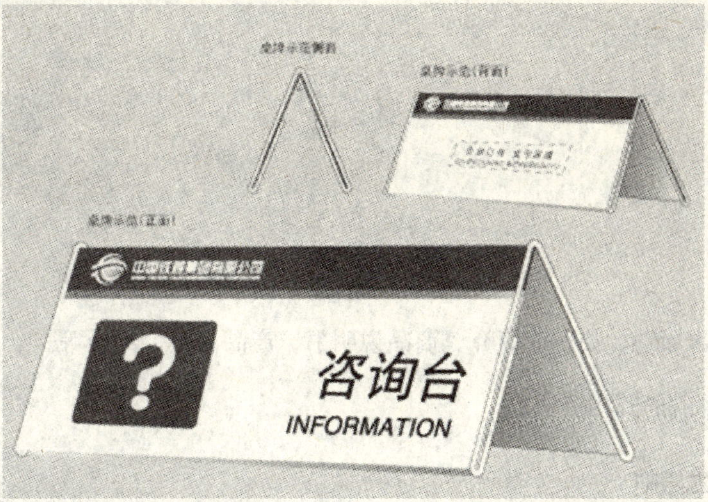

图 2—9　企业桌牌的设计

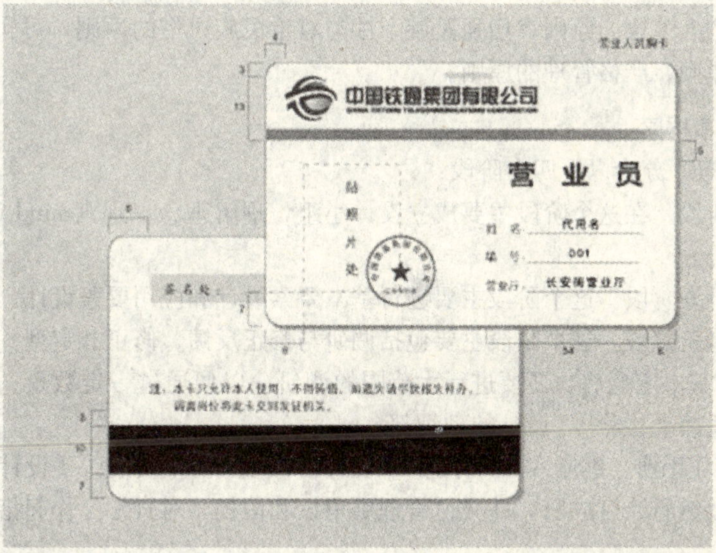

图 2—10　胸卡的设计

告等。

(7) 产品包装。如纸盒包装、纸袋包装、木箱包装、玻璃容器包装、塑料袋包装、金属包装、陶瓷包装、包装纸等。

(8) 赠送礼品。如 T 恤衫、领带、领带夹、打火机、钥匙牌、雨伞、纪念章、礼品袋等，企业水杯的设计如图 2—11 所示。

(9) 陈列展示。如橱窗展示、展览展示、货架商品展示、陈列商品展示等。

图 2—11　企业水杯的设计

（10）印刷出版物。如企业简介、商品说明书、产品简介、年历等。

2.1.2　VI 设计的形式和技法

1. VI 设计的基本原则

VI 设计不是机械的符号操作，应多角度、全方位反映企业的经营理念。VI 设计要求具有较强的可实施性，合适的 VI 设计应保持以下原则：风格的统一性原则，强化视觉冲击的原则，强调人性化的原则，增强民族个性与尊重民族风俗的原则，可实施性原则，符合审美规律的原则，严格管理的原则。

2. VI 设计的基本程序

VI 设计的程序分为以下四个阶段：

（1）准备阶段。在这个阶段主要成立设计小组，理解理念识别（mind identity，MI），收集相关信息等。

（2）设计开发阶段。这个阶段主要进行基本要素设计和应用要素设计。

（3）反馈修正阶段。这个阶段主要包括调研与修正反馈、修正并定型。

在 VI 设计基本定型后，还要进行大范围的调研，以便通过一定数量、不同层次的调研对象的信息反馈来检验 VI 设计的各细部。

（4）编制 VI 手册。编制 VI 手册是 VI 设计的最后阶段，是把 VI 设计方案系统地梳理和绘制完成，然后装订成册，并交付管理层审议和留档，对日常工作起指导作用。

3. VI 的基本要素设计技法

（1）标志设计。标志分为企业标志和产品标志两种。企业标志即从事生产经营活动的实体的标志；产品标志即企业所生产的产品的标志，又叫商标。

（2）标准字设计。标准字设计，即将企业或产品的名称，通过创意设计，形成风格独特、个性突出的组合整体。

1）标准字的特征。识别性是标准字总的特征。由于标准字代表着特定的企业形象，所以，必须具备独特整体风格和鲜明个性特征，以使它所代表的企业能脱颖而出，令人过目不忘。

易识性是标准字的基本特征。造型性是标准字的关键特征。系列性是标准字设计的应用性特征，即有一系列相同风格的标准字，适用于各种场合。

2）标准字的设计步骤

①确定总体风格。

②构思基本造型。

③修整视觉误差。

④常见的错视与修正。

3）标准色设计。标准色是用来象征企业或产品特性的指定颜色，是标志、标准字体及媒介专用的色彩。

企业标准色彩的确定是建立在企业经营理念、组织结构、经营策略等总体因素的基础之上的。标准色设计尽可能单纯、明快，以最少的色彩表现最多的含义，达到精确、快速传达企业信息的目的。其设计理念应该表现如下特征：

①体现企业经营理念和产品特性，选择适于企业形象的色彩，表现企业生产的技术性和产品内容实质。

②突出竞争企业之间的差异性。

③适合消费心理。

4）标志和标准字的组合设计。标准字的设计造型应与标志造型相呼应。标准字和标志的造型风格相一致时，才能融为一个整体，体现企业的完整形象。

名类标志组合形式均由标志图形、中英文名称及企业标准色等基本要素组成，是企业形象广泛传播的最主要形式。保证各要素之间组合的空间比例关系，有助于建立统一的规范，以避免出现误导及形象混乱。

（3）应用要素设计技法。应用要素设计是对基本要素系统在各种媒介上的应用所做出的具体而明确的规定。

当 VI 基本要素标志、标准字、标准色等被确定后，就要开发各种应用项目。

1）办公事务用品设计。办公事务用品设计要充分体现强烈的统一性和规范性，表现企业的精神。其设计方案应给人全新的感受，同时也展示现代办公的高度集中和现代企业文化向各领域渗透传播的攻势（见图 2—12）。

2）企业外部建筑环境设计。企业外部建筑环境设计是企业形象在公共场合的视觉再现，是一种公开化、有特色的群体设计。在设计上，借助企业周围的环境，突出和强调企业标志，充分体现企业形象的统一化、正规化，在眼花缭乱的都市中给观者以好感，如图 2—13 所示。

3）企业内部建筑环境设计。企业内部建筑环境是指企业的办公室、销售厅、会议室、休息室的内部环境形象。设计时是把企业标志贯彻于企业室内环境之中，从根本上塑造、渲染、传播企业识别形象，并充分体现企业形象的统一性。

4）交通工具形象设计。交通工具是一种流动性、公开化的企业形象传播方式，其流

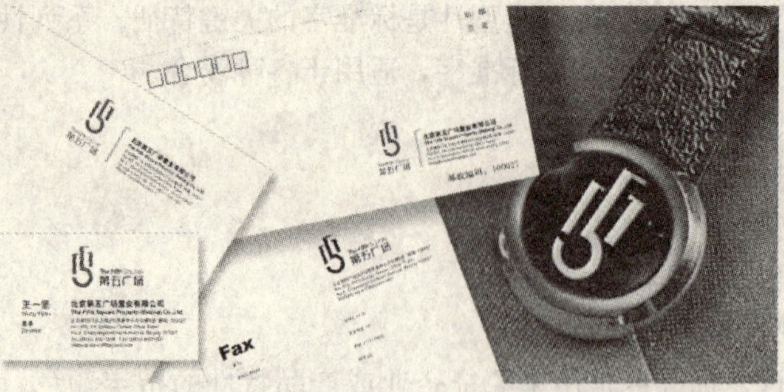

图 2—12　办公事务用品设计

动性以及给人瞬间的记忆的特点，有意无意地建立起企业的形象。设计时应充分考虑这些特点，运用标准字和标准色来统一各种交通工具外观的设计效果。企业标志和字体应醒目，色彩要强烈才能引起人们注意，并最大限度地发挥其流动广告的视觉效果（见图 2—14）。

图 2—13　企业外部建筑环境设计

图 2—14　交通工具形象设计

5）服装服饰设计。企业统一服装服饰设计，可以提高员工对企业的归属感、荣誉感和主人翁意识，涣发员工的精神面貌，提高工作效率，并促使严明的员工纪律和对企业的责任心。

6）广告媒体设计。

7）产品包装设计。成功的包装是最好、最便利的宣传、介绍企业和树立企业良好形象的途径（见图 2—15）。

8）赠送礼品设计。企业礼品也是一种行之有效的广告形式。

9）陈列展示设计。陈列展示设计要突出陈列展示的整体感、顺序感和新颖感，以表现出企业的精神风貌。

图 2—15　可口可乐 VI 的应用

10）印刷出版物设计。企业的印刷出版物设计要充分体现出统一性和规范化，编排要一致，固定印刷字体和排版格式，形成某一特定的版式风格。

2.1.3　包装中的 VI 设计

包装不仅具有保护产品的功能，而且具有积极的促销作用，随着近年来市场竞争的激烈，更多的人在想尽办法使之发挥出后一种作用。更进一步的发展是将包装和消费者对企业的认同联系起来，在包装设计中体现出 VI 的功能。同时对一些著名品牌而言，把 VI 识别系统灌注在包装设计中，有利于消费者对商品价值的判断甚至直接促进销售。在包装设计中体现 VI，有三大原则。

1. 醒目原则

包装要起到促销的作用，首先要能引起消费者的注意，因为只有引起消费者注意的商品才有被购买的可能。因此，包装要使用新颖别致的造型、鲜艳夺目的色彩、美观精巧的图案、各有特点的材质，使包装能出现醒目的效果，使消费者一看见就产生强烈的兴趣。而要让消费者能够通过包装识别出企业的信息，则要在醒目的基础上再加一份 VI 引导，也就是说，要在企业 VI 手册的指导范围内尽量发挥醒目性。

造型奇特、新颖能吸引消费者的注意力。例如，香水瓶造型，一般以圆柱体或长方体为主，圆柱体、长方体造型会显得非常突出、美观。有的香水瓶运用模仿造型，设计成复杂的花形或人体形。在造型中直接利用品牌标志形成立体感花纹，甚至是三维造型的，则更加有助于 VI 的传达（见图 2—16）。

在色彩上一定要注意包装色彩和企业 VI 的联系，通常可以用 VI 主色调作为包装的主

图 2—16　奇特、新颖的造型

色（见图 2—17），或者选用 VI 指定色的对比色进行色彩对比，在醒目的基础上凸显 VI 的特点。

一般来说，包装图案要以衬托品牌商标为主，充分显示品牌商标的特征，使消费者从商标和整体包装的图案上立即能识别某厂的产品，特别是名牌产品与名牌商店，包装上醒目的商标可以立即起到招揽消费者的作用，这就是 VI 对包装的促进作用。

图 2—17　VI 主色调成为包装容器的主色

2. 理解原则

成功的包装不仅要通过造型、色彩、图案、材质等的使用引起消费者对产品的注意与兴趣，还要使消费者通过包装理解产品。因为人们购买的并不是包装，而是包装内的产品。准确传达产品信息最有效的办法是真实地传达产品形象，可以采用全透明包装，或在包装容器上开窗展示产品，在包装上绘制产品图形，在包装上做简洁的文字说明，在包装上印刷彩色的产品照片等。

准确传达产品信息要求包装的档次与产品的档次相适应，掩盖或夸大产品的质量、功能等都是失败的包装。我国出口的人参曾用麻袋、纸箱包装，外商怀疑是萝卜干，自然是从这种粗陋的包装档次上去理解。相反，低档产品用华美贵重的包装，也不会吸引消费者。我国市场上的小食品包装大多十分精美，醒目的色彩、华丽的图案和银光闪烁的铝箔袋加上动人的说明，对消费者，特别是儿童有着极大的诱惑力，但是内装的食品价值与售价相差甚远，使人有上当受骗的感觉。所以，包装的档次一定要与产品的档次相适应。

根据国内外市场的成功经验，对高收入者使用的高档日用消费品的包装多采用单纯、清晰的画面，柔和、淡雅的色彩及上等的材质原料（见图 2—18）；对中低收入者使用的中低档日用消费品，则多采用明显、鲜艳的色彩与画面，再用“经济实惠”之词加以表示（见图 2—19）。这都是为了将产品信息准确传达给消费者，使消费者理解。

图 2—18　高档香水的包装

图 2—19　中低档香水的包装

准确传达产品信息还要求包装所用的造型、色彩、图案等不违背人们的习惯，以免引起理解错误。如包装色彩的运用有这样的经验：黄油不用黄色而用其他颜色的包装设计就滞销，咖啡用蓝色包装同样卖不出去。因为人们长期以来已经对某些颜色表示的产品内容有了比较固定的理解，这些颜色也可称为商品形象色。商品形象色有的来自商品本身，茶色代表着茶，桃色代表着桃，橙色代表着橙，黄色代表着黄油和蛋黄酱，绿色代表着蔬菜，咖啡色就是取自于咖啡（见图 2—20）。

让消费者在理解商品的基础上进而产生好感，并理解品牌，形成一定的品牌忠诚度，则是 VI 系统在包装上最良好的应用。VI 系统在设计的最初阶段就要考虑企业主要产品以及所处行业的特点，并综合竞争对手的表现进行有针对性的设计，这样才能在后来的产品包装上产生良好的效果。当 VI 系统定型后，就要在包装中严格执行。

图 2—20　商品形象色在包装设计中的运用

3. 好感原则

包装的造型、色彩、图案、材质要能引起人们的喜爱，因为人的喜怒哀乐对购买冲动起着极为重要的作用。好感来自两个方面，首先是实用，即包装能否满足消费者的各方面需求，提供方便，这涉及包装的大小、多少、精美等。同样的护肤霜可以是大瓶装，也可以是小盒装，消费者可以根据习惯选择。同样的产品包装，精美的容易被人们选作礼品，差一点的只能自己使用。当产品的包装提供了方便时，自然会引起消费者的好感。

好感还直接来自包装的造型、色彩、图案、材质的感觉，这是一种综合性的心理效应，与个人以及个人气息的环境有密切关系。以色彩来说，每个人都有自己喜爱和讨厌的颜色，这当然是不能强求一律的，但也有共同点，比如，女性大部分都喜欢白色、红色和粉红色，它们被称为女性色，女性用品的女性色包装能引起女性的喜爱，如图 2—21 所示。而男性喜欢庄重严肃的黑色，黑色又称为男性色，男性专用品的黑色包装能得到男性的青睐，如图 2—22 所示。

图 2—21　粉红色作为女性色的典型在香水包装设计中的运用

图 2—22　男性专用品中得到青睐的黑色包装

在好感原则中，VI 系统直接起到了指导性的作用，特别是对著名企业或名牌产品系列而言，适当夸大 VI 的指示作用有利于促销。因为它可以直接把自己的品牌传达给消费者，唤起消费者内心的忠诚度，并产生直接的购买欲望，对某些质量差异化明显的产品而言，著名品牌本身就是质量的代名词，其商标广泛应用在产品和包装上，形成了良性循环，如图 2—23 所示。

图 2—23　直接运用在包装上的百事可乐标志

初创的非著名品牌，或著名企业推出的新品牌或产品系列，则更要注意 VI 系统的应用，要在全系列商品上以统一的步骤推出，并辅以大规模的广告和促销活动，使消费者在接受产品的同时，能够逐渐建立起对品牌的认知，为将来的发展打下坚实的基础，特别是 VI 应用元素的反复应用和统一形象，通过反复提示来强化消费者的记忆。

2.2　标志设计

2.2.1　标志设计基本知识

1. 标志的定义

标志是代表特定事物或机构，具有某种特殊含义或象征意义的符号。

2. 标志的特征

（1）功用性。标志的本质在于它的功用性。经过艺术设计的标志虽然具有观赏价值，但标志主要不是为了供人观赏，而是为了实用。标志是人们进行生产活动、社会活动必不可少的直观工具。

（2）识别性。标志最突出的特点是具有独特面貌，易于识别。显示事物自身的特征，标示事物间不同的意义、区别与归属是标志的主要功能。各种标志直接关系到国家、集团乃至个人的根本利益，绝对不能相互雷同、混淆，以免造成错觉。因此，标志必须特征鲜明，令人一眼即可识别。

（3）显著性。显著是标志又一重要的特点，除隐形标志外，绝大多数标志的设置就是要引起人们的注意。因此，色彩强烈醒目，图形简练清晰，是标志通常具有的特征。

(4) 多样性。标志种类繁多，用途广泛，从其应用形式、构成形式、表现手段等来看，都有极其丰富的多样性。

(5) 艺术性。凡经过设计的非自然标志都具有某种程度的艺术性。既符合实用要求，又符合美学原则，给人以美感，是对其艺术性的基本要求。一般来说，艺术性强的标志更能吸引和感染人，给人以强烈和深刻的印象。

(6) 准确性。标志无论要说明什么、指示什么，无论是寓意还是象征，其含义必须准确。首先要易懂，符合人们认识心理和认识能力。其次要准确，避免意料之外的多解或误解，尤应注意禁忌。让人在极短时间内一目了然、准确领会，这正是标志优于语言的地方。

(7) 持久性。标志与广告或其他宣传品不同，一般都具有长期使用价值，不轻易改动。

3. 标志的设计原则

标志设计既是实用物的设计，也是一种图形艺术设计。它与其他图形艺术表现手段既有相同之处，又有自己的艺术规律。它必须体现前述的特点，才能更好地发挥其功能。

由于对其简练、概括、完美的要求十分苛刻，要达到几乎找不到更好的替代方案的程度，其难度比其他任何图形艺术设计大得多。

设计应在详尽明了设计对象的使用目的、适用范畴及有关法规等有关情况，深刻领会其功能性要求的前提下进行。

设计须充分考虑其实现的可行性，针对其应用形式、材料和制作条件采取相应的设计手段。同时要顾及应用于其他视觉传播方式（如印刷、广告等）或放大、缩小时的视觉效果。

设计要符合作用对象的直观接受能力、审美意识、社会心理和禁忌。构思须慎重，力求深刻、巧妙、新颖、独特，表意准确，能经受住时间的考验。构图要凝练、美观、适形（适应其应用物的形态）。图形、符号既要简练、概括，又要讲究艺术性。色彩要单纯、强烈、醒目。遵循标志艺术规律，创造性地探求恰当的艺术表现形式和手法，锤炼出精当的艺术语言，使设计的标志具有高度的整体美感，获得最佳视觉效果，是标志设计艺术追求的准则。

2.2.2 标志设计的形式

商标标志主要由文字、图形两大要素构成。运用不同的要素或由两者相结合是组成商标标志的基础，并由此派生出商标标志的不同种类。

1. 文字表现形式

(1) 汉字标志图形。汉字作为标志的基本造型，常常是探索标志设计民族化的途径之一。在我国传统习惯中，人们利用字形、字音和词义等因素进行巧妙组合。这方面的例子很多，如用福字和蝙蝠的组合代表“福”，用鱼代表“吉庆有余”等形式，都是充分运用了文字的象征意义。汉字标志就造型而言，一般可分为单字和连字两种形式，如图 2—24 所示。

图 2—24　汉字标志

（2）字母标志图形。字母具有几何化的造型特征，常常是标志设计者愿意以此为构思的基础。字母作为相对通用的文字，在沟通方面可以缩短距离，字母在设计上表现出言简意赅、形态变化多样的优势。因此，用字母设计的标志已成为标志群中巨大的生力军，并始终占据着主导的地位，不断影响标志设计的走向和发展趋势。字母标志在信息量上，强调简洁明了，用最少的笔墨传达最大的信息量；在造型上，提倡图形的可视性，要求图形清晰耐看；在构思上，主张从内容及其意蕴出发，使标志与产品、组织的性质、特点相适应；在设计技巧上，一般采取字母组合和象形图形相结合等方式。其中字母组合包括字母缩写组合、全称字母组合、单一字母等形式，如图 2—25 所示。

图 2—25　字母标志

（3）数字标志图形。以数字作为标志造型的基础，至少有三点应引起人们重视：一是独特性，目前使用数字作为标志的情况并不普遍，稀少也是其独特性的体现；二是记忆的深刻性，这是建立在独特性基础之上的，在现代社会，人们普遍对数字有一种天生的敏感性；三是造型新颖性，与文字等形态相比，数字显得极为简洁，便于识别，便于形态的变化。事实上，一些改造后的数字造型是极具魅力和富有现代感的，因此，这也不失为一条标志设计的创新之路。目前，汉字的数字造型被人们所忽视。数字标志设计图形一般可分为阿拉伯数字标志设计图形和汉字数字标志设计图形，如图 2—26 所示。

2. 图形表现形式

图形商标是指纯粹使用图形或记号所构成的商标。

（1）具象图形表现形式。具象表现是忠实于客观物象的自然形态，对客观物象采用经过高度概括与提炼的具象图形进行设计的一种表现形式。它具有鲜明的形象特征，是对现实对象的浓缩与精练、概括与简化，突出和夸张其本质因素。标志设计的形态不可能像绘画的形式那样强求形似，而是以图形化的方式进行组织处理。抓住对象的精神气质，强化形象的形态特征，简化结构的格局，从而取得和谐之美，形成单纯、鲜明的特征来呈现所要表达的具体内容。具象的标志具有图形的通俗性与高度清晰的识别性，表现较为自由，充满个性，容易以清新、明快的视觉形象传达标志的精髓而为大众所接受。

图 2—26　数字标志

具象标志表现形式可以分为：

1）人体造型的图形。人体造型的概念既指整个人体，也指它的局部，如肢体、五官等。人的身体姿态动作完全可以传达简洁明了的概念，如思想、感情、心理等。人的头部动作、脸部表情、五官表现等也是视觉传达设计所特有的常用题材，如图 2—27 所示。

图 2—27　以人体造型为图形的标志设计

2）动物造型的图形。以动物作为象征的主题是一个非常古老的标志题材。早在远古时期，人们就把动物作为图腾崇拜的标志。人类对动物的崇拜一直没有停止，即使在高度发达的今天，仍可看到以动物造型作为企业或组织的标志，或作为产品的商标，如图 2—28 所示。

图 2—28　以动物造型为图形的标志设计

3）植物造型的图形。植物常常是美好的象征，用以表达吉祥如意的含义。标志中的植物造型至少受到两个方面的影响。一是装饰纹样的影响。装饰纹样不是对植物的直接摹写，而是图形结构形成后再与具体植物结合，从而产生特定的装饰名称，这一点在古代纹章中尤为突出。二是几何化的影响，近现代的标志植物造型大多归整为圆形、方形、三角形等几何形状，显示出现代艺术中结构主义、风格派对标志设计的影响，如图 2—29 所示。

图 2—29　以植物造型为图形的标志设计

4）器物造型的图形。器物是各种用具的总称，涉及范围极广，品种繁多。从形体上说，大至高耸入云的建筑物、巨大的交通工具等，小至铅笔、电器插座、文具、餐具等，如图 2—30 所示。

图 2—30　以器物造型为图形的标志设计

5）自然造型的图形。自然现象是神秘的自然力的象征。自人类诞生以来，就把它和巨大无比、变化无穷联系在一起，而永恒的设计主题也会在这里找到归宿。风景、地球、星象、水和火星是这一类型标志常用的题材，如图 2—31 所示。

图 2—31　以自然造型为图形的标志设计

（2）抽象图形表现形式。以抽象的图形符号来表达标志的含义，以理性规划的几何图形或符号为表现形式。现代社会，新型的商品品种日益增多，那些提供设备、技术以及资料的机构也越来越多地使用标志。这些标志的设计，如果仍用一般的表现方式是难以完成的，必须创造一种暗示含义或表示机构的抽象特征的符号。抽象形表达方式正适用于此类情况。为了使非形象性转化为可视特征图形，设计者设计创意时应把表达对象的特征部分抽象出来，可以借助纯理性抽象形的点、线、面、体来构成象征性或模拟性的形象。抽象形式的标志单纯地表现对象的感觉和意念，具有深刻的内涵和神秘感。造型简洁，耐人寻味，产生一种理性的秩序感，或具有强烈的现代感和视觉冲击力，给人以良好的印象和深刻的记忆。

抽象的标志表现形式可以分为：

1）圆形标志图形。圆具有单一的中心点，圆形容易吸引人的视觉注意力，形成视觉中心。圆形标志图形一般可分为正圆形、椭圆形、复合形等，如图 2—32 所示。

图 2—32　圆形的标志设计

2）四方形标志图形。四方形的基本特征是具有四个角和一个中心，与圆形相比，具有一定的方向性。四方形通常有正方形、矩形、梯形、菱形等。正方形具有近似圆形的性质，它具有一个中心，但有四个方向不甚明确的角；矩形和正方形相比，具有一定的方向性；梯形既具有斜线的性质，也带有明显的方向性，而且梯形的中心是偏离的；菱形是四方形的变体，具有不稳定的感觉，如图 2—33 所示。

图 2—33　四方形的标志设计

3）三角形标志图形。标志中出现的三角形大多是等边三角形或等腰三角形。这类三角形主要有两种表现形式：一种是正三角形，显得特别稳重；另一种是倒三角形，这种三角形将宽大的顶部支撑在一个支点上，形成了一种极其危险的平衡方式。而其他形式的三角形，因偏离或者失去了垂直定向导致其视觉稳定性不强，经不起人长久注意，故在标志设计中较少使用，如图 2—34 所示。

4）多边形标志图形。多边形是由多种几何形构成的，其构成方式一般有两种：一种是由各种几何形相互切割构成的，如圆形和四方形的切割等；另一种是由各种几何形并置而成的。多边形在结构上比其他几何形复杂得多，内容也丰富得多。在标志设计中，多边形往往能表现多种形式和内容。但是，就视觉记忆而言，多边形不如其他简单的几何形那

图 2—34　三角形的标志设计

样容易记忆，如图 2—35 所示。

图 2—35　多边形的标志设计

5）方向形标志图形。方向形虽然有多种形态，但箭形是其基本形状，其他变化都源自于它，故方向形又称为箭形。箭形的本义是箭头，其引申义是指向或朝向。在空间中，它的角度不同、方向不同，其意义也就不同。如箭头朝上表示上升和直立，箭头向下表示降低和朝下。因此，方向形的意义变化主要来自三个方面：一是方向变化，二是数量变化，三是状态变化。方向变化确立或改变了方向形的基本含义。数量变化增加了双向、多向的含义。状态变化则寓意其速度、曲折等态势，如图 2—36 所示。

图 2—36　方向形的标志设计

3. 文字和图形组合表现形式

组合标志是指用“文字、图形、字母、数字、三维标志和颜色组合”六要素中任何两种或两种以上的要素组合而成的商标。

组合标志注册后应作为一个完整的整体对待，不可以改变其组合或排列，不可以擅自改动某一部分。

组合标志综合了文字标志、图形标志、三维标志或颜色组合专卖之间的不同特点，具有文图、形象生动、引人注意、易于识别、便于呼叫名称等特点，所以得到了普遍而广泛的使用。

文字与图形的组合必须协调，表达的中心思想必须明确。但是，这种中心思想不突出、缺乏显著性的组合商标，会令消费者感到费解，申请人提交此类商标注册申请时，也难以获得核准注册。

2.2.3 标志设计的手法

标志设计就其形式法则来说，是一种概括的辩证法则，它要求在设计过程中，理性地推敲标志中各构成因素之间的对比、调和、节奏等关系。其总法则是变化与统一，即在变化中求统一，在统一中寻变化，最终使标志在视觉语言的表达上简练、明确、统一、完美。

1. 常见的标志设计手法

（1）对比的设计手法。对比是一种反向衬托，即通过各异的形与形之间的相互衬托，突出整体中各局部的差异，使各局部固有的个性更加强烈形象、更为独特。

1）形状对比。常用的形状对比有自然形与人为形、几何形与随意形、直线形与曲线形、简单形与复杂形等不同形状的对比关系。在同一个标志图案中，一般最多采用两种不同性质的形状对比，既简单明了，又清晰流畅。如果将多种形状的对比一起出现在同一个标志内，不但不能增强形体之间的对比效果，反而会削弱对比的力度，如图 2—37 所示。

图 2—37　形状对比手法的标志设计

2）正负形对比。正负形对比实质上表现为形体通过明暗关系所造成的对比即使是色彩标志，也要求正形、负形在明度上获得反差，相互衬托，使其形象效果更明晰，更具吸引力，如图 2—38 所示。

图 2—38　正负形对比手法的标志设计

3）虚实对比。虚实对比手法的标志设计如图 2—39 所示，一虚一实，采用了多元对比技法，构图简洁明快。

（2）重复的设计手法。重复是指通过一个基本形的反复出现，形成强烈的秩序感和统

图 2—39　虚实对比手法的标志设计

一感，从而达到调和的目的。用重复求调和时要注意几点：一是基本形自身的高度简洁；二是基本形组合的可能性，即形与形之间能形成一定的关系；三是基本形构成的美感；四是基本形组合的整体感、完整性。重复是一种以多取胜的方法，但要避免重复造成的单调和平板，就要把握重复中的变化，并加以处理，如数量、方向（同向、逆向）、排列（平行、交错、旋转）、虚实、色彩等的变化处理，见表 2—1。

表 2—1　　重复的设计手法

重复的设计手法	说明	示例
单纯反复	某一造型要素简单反复出现，从而产生了均齐的美感效果	
变化反复	一些造型要素在平面上采用不同的间隔形式，使其反复不仅具有节奏感，还有单纯的韵律美	

（3）和谐的设计手法。和谐是通过一定的艺术手法，把对比的各个部分有机地结合在一起，使其相互联系、彼此调和，从而产生完整统一的视觉效果，见表 2—2。

表 2—2　　和谐的设计手法

和谐的设计手法	示例
点的和谐	

续表

和谐的设计手法	示例
线的和谐	
形的和谐	
关系要素的和谐	

（4）渐变的设计手法。渐变是一种不显著的非根本性的变化，是事物在数量上的增或减，见表 2—3。

表 2—3　　渐变的设计手法

渐变的设计手法	示例
水平式	
垂直式	

续表

渐变的设计手法	示例
倾斜式	
内外式	

（5）突破的设计手法。为了夸张图形或文字的某一部分，有意识地把其分布在轮廓的外侧，使作品更加生动活泼，引人注目，这样的图形被称为“突破”，见表2—4。

表2—4　　突破的设计手法

突破的设计手法	说明	示例
上方突破	由于突破以后的主题和轮廓在纵向的相对位置有所增高，所以给人一种向上、挺拔、高大的感觉	
下方突破	由于突破以后的主题和轮廓在纵向的相对位置有所下降，所以给人一种平稳、安详、扩展的感觉	
左右方突破	由于突破以后的主题和轮廓在左右方的相对位置有所偏移，因此给人一种运动的感觉	

（6）对称的设计手法。对称是构成形式美的基本法则之一，是生物体结构的一种规律性的表现方式。如人的外表、植物的叶脉、物体和它的倒影等。图形单元一边反射，一边回转，自然界中，雪花呈现旋转的对称图形，如图 2—40 所示。

图 2—40　对称设计手法

2. 特殊的标志设计手法

特殊的标志设计手法通常是表现立体、动感和丰富质感的标志设计，它们往往突破了标志设计的传统，呈现出纷繁复杂的精彩效果，达到令人过目不忘的目的，如图 2—41 所示。但这类特殊标志设计也往往要付出高额的应用成本，如某些模糊的阴影或炫光必须是真彩印刷或动态制作等，通常属于比较专业的设计公司和打造精品奢华形象需要的大公司。还有某些经常接触动态媒体的科技、软件公司，可以根据行业特点把这类标志的优点体现得淋漓尽致。

图 2—41　表现立体、动感和丰富质感的标志设计

（1）三维标志材质表现手法。标志设计可以表现出三维的立体效果和美妙的光泽，伴着晶莹剔透的质感，仿佛就近在眼前，随手可得，这就是材质应用和光线投射原理带来的效果，如索尼、爱立信手机公司的“绿色精灵”（见图 2—42），十分有力地传达了企业形象与品牌概念。

图 2—42　三维材质表现

（2）三维灯光表现手法。有些标志设计用较为简单的色彩模拟出太阳炫光、探照灯光或激光效果（见图 2—43）。

（3）“特写镜头”手法。图 2—44 中的标志设计，打破了传统的标志设计规则，将矢

图 2—43　三维灯光表现手法

量化的边缘摒弃，采用爆裂、迸发状的形态和渐变的色彩，突出了刹那间的“特写镜头”，就是良好的设计范例。有些更加大胆的设计甚至应用了仰视的角度和广角镜头来表达强烈的视觉震撼力。

图 2—44　三维标志中的摄像表现

（4）动感标志的表现手法。动感手法通常借助线条的表现进行设计。在点、线、面三大元素中，线是最有表现力的，线具有导向和界限功能，用于区分空间和区域，给物体以明确的边界。线的视觉传达功能非常明确，在设计中用得很多。设计的视觉形态中的线不仅有宽度，而且有丰富的变化，是非常敏感和多变的视觉元素，在设计中的作用也非常大。特别是多线的视觉效果，不仅取决于每条线，而且取决于线的组织方式，强调多线同方向排列的方向感和运动感，如图 2—45 所示。

运用线条的同时，模糊是强调运动概念更加自然的方式，可以表达强烈的速度感，如图 2—46 所示。

图 2—45　动感标志的表现手法

图 2—46　模糊表达强烈的速度感

在网络时代，各大商业公司的标志有了革命性的变化，标志的设计更趋向于质感和立体感，如美国最大的电信公司——美国电话电报公司（AT&T）推出全新设计的企业标志，就是很好的范例，如图 2—47 所示。

图 2—47　AT&T 公司标志前后的变化

还有一类直接表现速度感的新颖标志，利用由点到线的生长变化进行运动和速度的塑造，如图 2—48 所示。

图 2—48　利用由点到线的生长变化塑造运动和速度

还有一些设计，利用水滴滴在水里泛起涟漪的刹那性特写进行设计表现，能够塑造很强的动感效果，如图 2—49 所示。

图 2—49　利用水滴滴在水里泛起涟漪的刹那性特写进行设计表现

2.2.4　标志设计制作程序

1. 调查研究和分析

调查研究和分析是设计的依据和创意的出发点。了解同类标志的历史和现状，了解设计标志的目的和要求，考虑标志的延续和发展。

2. 设计构思

设计构思是为设计开发工作做进一步的准备。依据对调查结果的分析，提炼出标志的结构类型、色彩取向等，列出标志所要体现的精神和特点，挖掘相关的图形元素，找出标志设计的方向，使设计工作有的放矢，而不是对文字图形的无目的组合。

构思是展开创意的过程，灵感不是凭空产生的，一是靠调查研究信息资料的浓缩；二是靠平时各领域专业知识的积累；三是靠艺术表现熟练多变的技巧，没有高超的技巧就不可能准确表达设计者的创意；四是靠长期的经验积累。通过大量的实践可以从中掌握一些规律，提高审美水平和想象力。

3. 草图绘制

草图是把思维活动具体化的一个重要阶段，根据标志设计的识别性、传达性、审美性、适应性、时代性等原则，进行发挥。标志设计草图最好能从具象表现、抽象表现、文字表现、综合表现等每种思路中画出大量草图，然后从中筛选、深化，最怕开始就被自己框在某一种表现技法之中。在草图阶段还是强调用手工来表现，因为用手画的线是有情感的，可以随心所欲。过早使用计算机画草图会导致呆板、形态僵化、思路限制的弊病。

4. 确定方案

常规的操作方法大致是从大量的草图方案中筛选出 3～5 个比较完整、满意的方案。然后广泛征求意见。除了征求同行的意见外，还可以征求各种职业、不同年龄段特别是受众的意见，并作进一步的调整和完善。从图形的完整性、黑白关系、长宽比例、线条粗细、放大或缩小的疏密关系等方面反复斟酌、比较，最后确定 1～2 个最佳方案。再作如下方面的检验：立意是否准确，图形是否简洁、醒目和美观，标志是否具有独特的个性，标志的适应性是否强，图形之间是否还有巧合的可能性，译成外文是否有不好的含义。

5. 标准色确定

标志的色彩应用，是在创意和黑白图形都已定稿后再进行的。一般都以一个单色为主，并有若干辅助色衬托，总体控制在五色以内。在标志设计中，色彩的选择与形态的确定同样重要。在决定色彩时，要经过调查和研究，使色彩能与标志配合，以突出标志内在的性质，还要注意企业所在行业的特征，或其大多数产品的特性。

6. 完稿制作

标志的使用范围非常广泛，大至十几米的户外广告，小至几厘米的名片，设计者必须考虑标志的适应性及组合规范。因此，必须制作标准图，要有正确的详细尺寸和数据，图形各部分的比例关系，圆心、半径、弧线的起止和连接及弧度，以及种种图形中的细节等。

设计网格和标准尺寸是使标志形象规范化、标准化的一种基本手段。它是以严格的框架和尺寸标明，以保证设计的严整性，并给图形的设计以及今后的制作、复制规定相应的制图程序。

7. 调整完善

当标志设计完成后，凭着设计者的专业直觉和经验，最后对标志图形的视觉调整也是非常关键的。这种对图形的微调，目的是取得视觉上的和谐或对比，使标志更精细和完美。在标志图形放大、缩小中用同样粗细的线条的标志，视觉上会有横粗竖细的错觉，不同颜色在同一个标志中，视觉上也会有不同的刺激。例如，奥运会五色环圆形在白色背景上，黑色环对比度强烈，在视觉上具有扩张感，而黄色对比度较弱，在视觉上具有收缩感，这种现象在标志设计中经常会出现。所以，在标志正稿完成后还需要进行一些调整，以求得视觉上的和谐和平衡。

2.3 系列化包装设计

2.3.1 系列化包装设计的概念和意义

随着社会的发展、科技的进步、商品的日益丰富和品种的多样化，特别是市场经济的激烈竞争，包装在商品销售中的重要作用日趋明显，多数企业已将包装放在与产品同等重要的位置。包装设计已不仅仅只是单件包装的考虑，从单体设计走向系列化包装设计，在商品销售市场上占有主导地位，已成为当今包装设计的主流。

系列化包装最早出现于 20 世纪 50 年代。由于同类商品的花色品种日渐增多，市场竞争激烈，单一的商品形象被琳琅满目的商品冲击。由于包装品种繁多，而且单体包装形式在整个包装领域还占据相当大的比重，因此在设计风格上难免出现“各自为政”“孤军作战”的杂、乱、散等不良倾向。对于一个企业来说，自家品种繁多的产品相互争奇斗艳，而整体形象的竞争锐气却显得不足。在此情况下，系列化的包装设计得到企业的重视，特别是超级市场出现后，一系列集团公司，把产品的系列化包装设计作为增强其品牌战略的重要手段之一。

系列化包装又称为家族化包装，这种商品包装设计给人以整齐的视觉效果。整体有序地呈现于市场。通常系列化包装是以一个企业或商标、牌名的不同种类的产品，用一种共性特征来统一设计，可用特殊的包装造型特点、形体、色彩、图案、标志等统一设计，形成统一的视觉形象，如图 2—50 所示。

1. 系列化包装的优点

系列化包装的优点在于既有多样的变化美，又有统一的整体美；上架陈列效果强烈；容易识别和记忆；并能缩短设计周期，便于商品新品种发展设计．方便制版印刷；增强广告宣传的效果，强化消费者的印象，扩大影响，树立名牌产品。

对消费者来说，系列化包装易于识别辨认。对企业来说，系列化包装优化了产品的多样性、组合性和统一性。

（1）有助于企业品牌的树立与推广。系列化包装配套是在形成统一视觉阵容下，强化品牌意识，增强传达效果，通过同一企业的多种产品，以商标为中心，在多样统一的原则下，使同一企业产生的单一包装，有机统一形成系列化群体。

随着经济的不断发展，任何一种畅销的产品，都会迅速导致大量企业蜂拥同一市场，

图 2—50　典型的饼干系列化包装

产品之间可识别的差异越来越模糊，产品使用价值的差别也显得微不足道。如果这时企业还一味强调产品的自身特点，强调细微的产品差异性，消费者是不会认同的。相反，产品的品牌形象却日趋重要。在品牌形象策略中，一是强调品牌的商标或企业的标志为主体。二是强调包装的系列化以突出其品牌化。系列化包装设计的六大统一（牌名统一、商标统一、装潢统一、造型统一、文字统一、色调统一），强化了产品的视觉冲击力。

随着社会生产的不断扩大，社会产品越来越丰富，再加上市场竞争的日趋激烈，商品包装在广告宣传方面占据着越来越重要的地位，通过商品的系列化可以更好地提升人们对此商品的关注程度。由于一组商品中统一形象的反复出现，使消费者对商品的牌名、商标等产生比较深刻的印象。不仅使消费者一下子就注意到了商品，而且成功树立起企业的品牌形象。国外的香烟包装，许多都采用了以品牌的商标或企业的标志为设计主体，如万宝路、555、希尔顿、摩尔等。系列化包装发生了质的飞跃，它不仅是用一种统一的形式、统一的色调、统一的形象来规范那些造型各异、用途不一又相互关联的产品，而且是企业经营理念的视觉延伸，使商品有了前所未有的传播力。塑造产品的品牌形象，实际上是对产品的二次投资，是对产品附加值的提升。

（2）良好的陈列与展示效果。系列化包装强调整体设计，强调商品的整体面貌。因此，声势大，特点鲜明，整体感强，在一般商场、超级市场货架上，系列化包装大面积地占据展销空间。产生压倒其他商品的冲击力。系列化包装所呈现的群体美、规则美和强烈的信息传达，有利于与其他产品竞争。

（3）有利于提升广告宣传的价值。随着社会的发展，广告环境也在发生着巨大的变化，其中最重要的变化就是广告从以前“广而告之”意义上的广义动作向更加重视企业产品包装品牌的管理、构筑强势名牌形象过渡。系列化包装设计的家族特征，在商品宣传中可以取得以一当十的效果。

（4）有利于新产品的开发。当一项产品在销售中获得消费者的信任，很有可能引起重复购买。就好像消费者对一个系列中的一项产品有信任感，也会对系列中的其他产品产生好感一样。

系列化包装在造型、文字、装潢、色调、商标、牌名等方面的统一，可以大大缩短系列化包装设计的周期，节约很多的设计时间，从而使设计者有更多的时间为新的产品设计。在印刷阶段，由于部分印刷版的共用，既节约了生产成本，也节省了一定的制版时间。

（5）有利于扩大销售。采用系列化包装设计产品的整体价格低于单独购买的总价格，比如，某个品牌的系列化妆品，在保持整体设计风格的同时，采用较大的套装容器，将各种化妆品集合包装，作为一个销售单元整体销售。价格相对便宜，不仅可以吸引更多的消费者购买，而且一买就是一个系列的产品。一方面购买的人数增加了，另一方面每个人购买的数量也增加了。显然两者的乘积将显著增加，从而扩大产品的销售量。某品牌的护肤品，将洁面乳、紧肤水、润肤乳液等包装设计成系列化，成套销售，提高了产品的销售量。在激烈的市场竞争中，包装的促销作用日益明显，包装系列化包装设计的应用越来越得到人们的重视。

2. 系列化包装的特点

（1）格调统一。系列化包装设计包含形态、大小、构图、形象、色彩、商标、品名、技法八项元素。在一般情况下，商标、品名、技法这三项是不能改变的，其余五项至少有一项不变，就可以产生系列化效果，这样就使系列化包装设计的整体格调十分统一，增强了产品之间的关联性，如图 2—51 所示。

图 2—51　在商标、品名、技法三项要素上高度协调和统一性

（2）一个系列的产品数目相对较多。由于产品采用的是系列化包装设计，那么，同一系列产品的数目最少是两个，一般都会多于两个，这样有助于促进产品的销售、提高商品

的销售量，如图 2—52 所示。

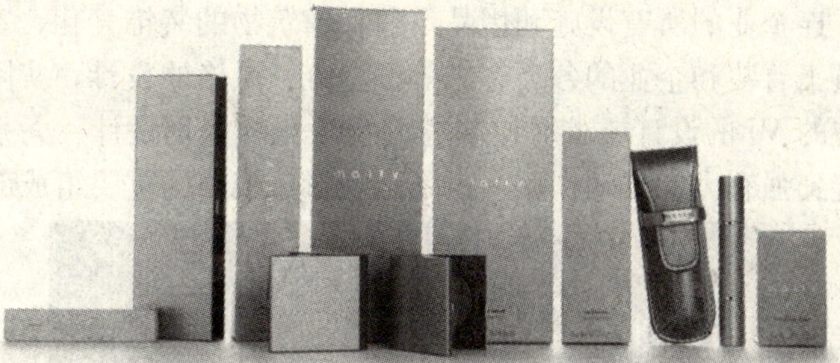

图 2—52　数目相对较多的系列化产品

（3）符合“多样统一”的美学原则。系列化包装设计产品的各个单体有各自的特色和变化。同时，各个单体包装形成有机的组合，产生整体美的效果。使得种类繁多的商品既有多样的变化美，又有统一的整体美，如图 2—53 所示。

图 2—53　种类繁多的商品系列化包装

2.3.2　系列化包装设计的类型

商品包装的系列化包装设计使品种繁多的产品在包装特点上具有共同的辨认性。也就是说，将一个企业的产品包装在各具特点的个性基础上，强调、突出统一风格的共性，在货架陈列中，能使消费者一看便知是哪家企业某种品牌的产品，从而树立产品的整体形象，加深消费者对产品和企业的印象。商品包装的系列化包装设计主要有以下几种类型：

1. 商品系列化

在通常情况下，商品系列化是系列化包装最广泛的应用，大致可分为三种系列范围，即大、中、小系列范围。

（1）大系列商品。一个企业的所有产品或两类以上产品同用一个商标并采用统一风格特点设计的包装，称为大系列，如图 2—54 所示。但完整的大系列不仅强调企业内部的产品包装风格统一，连企业的所有设施和用品，包括建筑物的装饰美化、室内装潢、环境布置、交通工具、员工着装和企业的各类标志等都是统一风格的设计，实际上是按照企业形象系统设计战略中的 VI 的设计要求对包装进行统一化的策划设计。大系列对树立产品形象和企业形象将起到强有力的推动作用，也是企业形象战略的重要组成部分。

图 2—54　大系列商品系列化包装设计

（2）中系列商品。使用同一商标的同一类型产品、性质、功能相同或相近者可列入一个系列范围，称为中系列。如同属日化用品类的洗发水、洁面乳、洁面膏等，或同一香型而不同度数、不同名称的酒均可分别形成一个中系列范围，如图 2—55 所示。

图 2—55　中系列商品系列化包装设计

（3）小系列商品。使用同一商标并属同一类型的单项产品，可列入一个小系列范围。如单项冰激凌包装的巧克力味、薄荷味、草莓味等，分别形成一个小系列范围，如图 2—

56 所示。

图 2—56 小系列商品系列化包装设计

企业的包装策略必须根据本企业自身的实际情况确立，包装的系列范围划分也应按照产品的结构状况选择。如产品结构比较单一的企业，其包装策划以大系列形式为宜，因为大系列既有利于包装形象的统一，又有利于配合企业形象系统的策划。产品结构复杂、品种繁多的企业，如果包装策划也完全按照大系列的模式进行，在包装共性与个性相互关系的处理上就会有一定的困难。所以，此类企业的包装可按产品类型归纳为几个中小系列范围设计，让包装的共性趋向与个性特征体现于各个系列之中，最终目的是力求让产品结构复杂、品种繁多的企业，通过对包装的策划和系列化包装设计，产生品种繁多而不觉杂乱、风格一致却更显新颖的现代包装新阵容。

2. 包装形式系列化

同一种商品可以采用系列化的包装形式，用以区分不同的客户定位和价格区间。这种系列化注重立体造型与各展示面的平处理，且必须与功能、材料相结合。应适应内容物保护性、使用性的要求，同时还注意形式变化与所选用材料的理化性质相结合。例如，同一种饼干可以采用铁盒装、纸盒装、塑料袋装等多种形式包装组合，虽然包装形式变化了，但是，包装的图案与各展示面都保持统一，形成强烈的系列化效果，如图 2—57 所示。

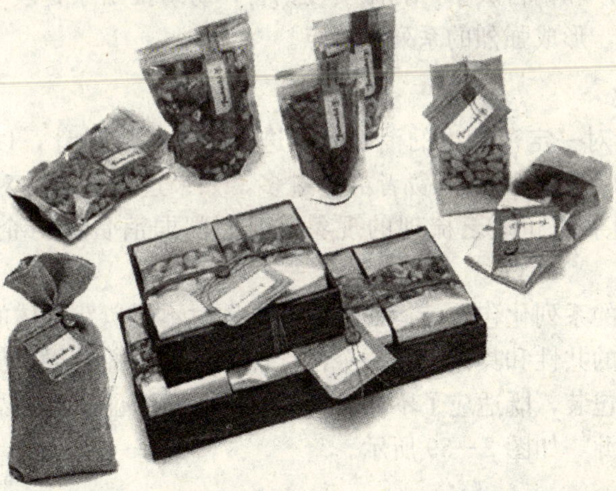

图 2—57 包装形式系列化

3. 包装大与小的系列化

包装大与小的系列化就是通过不同容量或体积的包装进行系列化包装设计和应用。与其他种种因素相比，尺寸大小既特别，又具有不同凡响的吸引力，如图 2—58 所示。

图 2—58　包装大小系列化

最有代表性的是包装发展过程中的大型化和小型化趋势，为了兼顾所有消费者的需要，企业开始提供同一产品的不同容量包装，满足各种需求。

能长期保存、可储备的产品，如调味品、酒类、洗涤剂等对大容量包装的需求始终很高。但随着“丁克”家庭及老年家庭的增加，在现实生活中对小包装的需求正在增加。于是，企业开发出该产品的小包装进行价格调剂，也刺激了更多的消费需求。反过来卖场经济的发展又刺激了大容量包装的需求。对于某些食品，如乳酪、果冻等传统小型化包装产品，企业为了降低生产和销售成本，刺激卖场销售，纷纷推出家庭装等大容量包装，也取得了很好的市场效果，形成强烈的系列化特点。

4. 消费者类别系列化

现代包装常常针对一定范围内的消费者群进行针对性的设计，以做到目标明确，针对性强。但是，因为不同类型的消费者群体过多，如果过于强调针对性将耗费企业过多的精力，并可能产生杂乱和缺乏梳理的现象，反而削弱消费者对企业品牌或产品的识别。

针对消费者类别的系列化包装应运而生，它把针对不同消费群体的同一类产品进行系列化包装，突出品牌的共性和具体产品的个性，取得了良好的效果。例如，不同的酒精含量的白酒进行系列化包装，既适应了不同人群的口味，又保证了整体品牌的识别，还大量节省了设计和制造资源，如图 2—59 所示。

5. 使用场所类别系列化

这是指同一产品由于使用（或销售）场所的不同而采取的系列化包装手法，这种方法

图 2—59 消费者类别系列化

主要是由于不同使用（或销售）场所的销售渠道、使用方式、行业特点等所决定的，如图 2—60 所示。

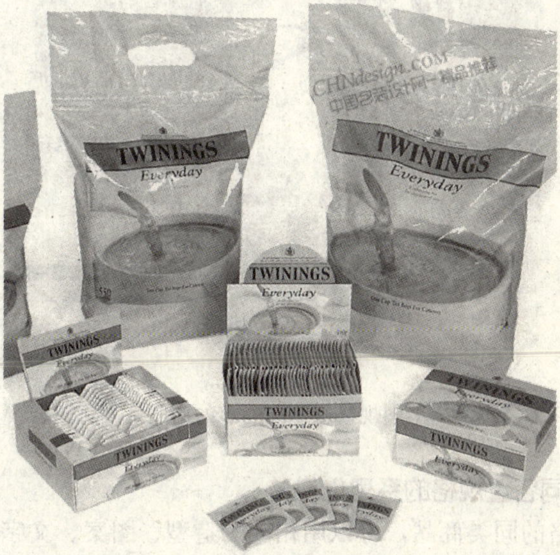

图 2—60 使用场所类别系列化

2.3.3 系列化包装设计的形式方法

系列化包装设计是现代经济形式和人们的审美心理及消费需求相结合的产物，是提高商品竞争力的重要手段之一，也是符合企业现实需要和长远经济利益的包装发展的重要趋势。

系列化包装在设计上，强调不同规格，或不同产品的包装在视觉形式上的统一性，它追求一种整体的视觉效果。但又不是同种商品等量同型的重复组合。系列化包装可以通过造型、色彩、构图形式等体现。

1. 不同的规格与不同内容的多种商品系列化包装

规格多样、内容又不同的产品想形成系列包装，主要是将品牌商标作为系列表达中心，通过统一的品牌形象、统一的主题文字字体、统一的表现手法来形成系列化。包装的造型与色彩可以根据实际需要灵活设计，既可保持丰富多样的不同商品特点，又是树立品牌体系的有效手段。

商标是用于商品或商业经营的标志，是通过具体的造型对从事商业行为者抽象的精神表现，是创造产品形象和企业形象的基础和核心，也是商品的特定标记和信誉的载体。其形象特点是简洁概括，利于识别和记忆。在系列化包装设计中，商标的统一对加深消费者对产品和企业的印象起着重要的作用，如图 2—61 所示。

图 2—61　不同规格与不同内容的商品系列化包装

2. 同类商品，多样不同容量规格的系列化包装

具有不同容量规格的同类商品，可以用相同的造型、图案、文字、色彩等来形成包装的系列感。这种形式统一感强，完全靠不同的容量规格创造统一中的变化，有利于突出商品的独特形象。

（1）统一色调。引起人们视觉最敏感的因素就是色彩，消费者对商品的第一印象，也往往产生于商品包装色彩的直接反应。在人们的购物心理中，色彩心理经常起着重要作用。所以，根据商品的类型和特征，以某种色调作为一个系列范围的主调色彩，使消费者从包装色彩上直接辨认出是什么类别、什么品牌的产品，也是系列化包装的一种设计形式，如图 2—62 所示。

图 2—62　统一色调的系列化包装设计

（2）统一文字。商品的大部分内容都需要用文字去表达，正确运用文字，可直接、迅速、准确地传递商品信息并引导商品销售，同时文字本身又是构成包装画面整体完美的重要组成部分，在包装设计中起着必不可少的作用。所以，统一文字排列形式和字样特征是包装系列化包装设计的一项主要内容。通过文字自身的巧妙排列和字体的合理变形所形成的艺术形式，运用色彩的变化在多种同类商品中出现，也可产生独特的系列化效果，如图 2—63 所示。

图 2—63　统一文字的系列化包装设计

（3）统一图形。包装设计中所说的图形包括图案、绘画、摄影等内容。图形是构成商品包装外观美的元素之一，成功的图形设计不仅可给包装增添艺术魅力，而且形象化的图形能帮助消费者迅速发现自己所需的商品，它时刻都在以独具个性的形象或抽象表现，反映商品信息，唤起人们的情感，诱导商品销售。所以，统一图形设计是商品包装系列化包装设计行之有效的表现形式，如图 2—64 所示。

图 2—64　统一图形的系列化包装设计

3. 不同品种的同类商品系列化包装

具有不同品种的同类商品，可以通过相同的构图形式、表现手法、品牌名、造型等来形成系列感，通过区别以不同商品内容的图形、商品名称、色彩等达到统一多样的系列化效果，如图 2—65 所示。

图 2—65　不同品种的同类商品系列化包装

在设计中，将构成画面形象的主要元素（如图形、文字、商标等）统一构图，即强调图形的同一绘制技法（包括相同和不同的图形）、强调文字排列、字体变化、主要图形和商标位置安排的一致性。在统一画面设计的基础上，利用色调的变化区别不同品种的同类商品形成包装的系列化效果。

4. 容器造型、规格相同的同种系列化包装

容器造型、规格相同的同种商品，可以用相同的构图形式、表现手法，相同的图形、文字等形成系列感，通过改变包装的色调、包装容器的材料或工艺来实现这种变化，如图 2—66 所示。

图 2—66　容器造型、规格相同的同种系列化包装

5. 多品种不同造型的系列化包装

同一企业不同形态、不同规格的产品，除采用统一的商标、字体外，采用同类型的构图形式和表现形式手法，使其形成统一的系列化特色的同时，在造型、规格、色彩上，赋予商品灵活多变的特点。例如，许多日用品和食品的包装就会采用不同的容器进行系列化包装设计，如图 2—67 所示。

图 2—67　多品种不同造型的系列化包装

在这种类型的系列化包装设计中，需要强调品牌和设计方法的统一性。因为包装容器的差异性极易识别，所以，品牌、图形和色彩上要尽量保持一致，以形成强烈的家族体系和整体凝聚力，防止消费者误解为其他品牌的其他产品。

6. 同类产品组合性系列包装

将几种同类产品组合配套设计成系列包装，或将数种品牌产品在不改变原有包装形式的基础上重新组合配套。

这种系列化包装设计主要应用在促销包装或者大礼包的设计中，为了供应特殊的渠道（如大卖场或节假日）的促销包装，要注意组合产品的图形设计、色彩和谐，以及组合包装的一致性（见图 2—68）。

图 2—68　同类产品组合性系列包装

除了上述方法外，还有许多细节的技巧，因为系列化包装设计并非如此简单易行，一个相同的商标，一种统一的图形，也并不等于是成功的系列包装，切忌千篇一律。商品包装的系列化包装设计是市场经济发展的必然结果，是美学理念与现代企业营销相结合的整体策略的重要组成部分，也是展现产品形象和企业形象个性的具体运作，其目的必须为企业创造独特的包装形象。一个企业整体包装形象的成功与否，对产品销售、企业发展关系重大。必须严肃认真并远见卓识地对企业、产品、市场进行全方位的调查分析，只有在了解企业、熟悉产品、把握市场的基础上，根据产品的类型、特性、功能、档次、消费对象等的不同，才能对产品进行合理的组合，划分系列范围，统一风格趋向，有的放矢地制定出切实可行的设计方案。

单元测试题

1. 小家电系列化包装

为一个豆浆机设计促销包装，品牌为“永河 Young”，销售对象以家庭女性为主，促销表现方式不定，价位中等，材料为纸盒。纸盒结构类型不限，文字素材不限。相关图片可以通过网络搜索获得。

（1）要求设计品牌“永河 Young”的标志和其 VI 的基本要素系统。

（2）要求设计三种不同规格的纸盒包装，纸盒尺寸：30 cm×20 cm×20 cm，35 cm×25 cm×25 cm，40 cm×25 cm×25 cm。

2. 电动玩具系列化包装

为一个电动玩具车设计包装，品牌为“追风”，销售对象以 3～7 岁男童为主，促销表现方式不定，价格适中，材料为纸盒。纸盒结构类型不限，文字素材不限。相关图片可以通过网络搜索获得。

（1）要求设计品牌“追风”的标志和其 VI 的基本要素系统。

（2）要求设计三种不同规格的套装纸盒包装，纸盒尺寸：大套 30 cm×20 cm×20 cm，中套 25 cm×20 cm×10 cm，小套 20 cm×20 cm×10 cm。

3

第 3 单元

包装容器结构设计

3.1　瓦楞纸箱结构设计　/87

3.2　塑料包装容器结构设计　/93

3.3　瓶盖结构设计　/105

3.1 瓦楞纸箱结构设计

在上一级别教材中，已经介绍了瓦楞纸板的基本知识及纸箱的结构类型，对如何选择瓦楞纸箱有了初步的认识。本单元继续介绍瓦楞纸箱的结构设计及测试方面的一些内容。

3.1.1 瓦楞纸箱简介

1. 瓦楞纸箱的优点

（1）空箱质量轻，搬运方便，节省仓储及运输费用。

（2）可根据内容物选择不同的厚度及纸质制成纸箱，成本较低。

（3）表面可作精美的印刷，具有良好的展示、广告效果，能提高产品附加价值。

（4）制造容易，可自由折叠、糊贴，能制成各种形状。

（5）经由特殊加工，可适用于各种气候条件或冷藏、冷冻货物的包装需求。

（6）适用于机械化、自动化包装作业。

（7）废弃物可回收或再生，节省资源。

2. 瓦楞纸板的种类及特点

瓦楞纸板由表纸和芯纸组成，因为芯纸具有波浪形瓦楞的结构，所以成为强韧纸板。根据瓦楞楞型可分为常用的 A、B、C、E 四种，还有更细微的瓦楞型 F、N、O 等也已得到应用。下面简要介绍一下 A 瓦楞、B 瓦楞、C 瓦楞和 E 瓦楞。

（1）A 瓦楞。高而宽，富有弹性及较佳缓冲性能、耐高压，适用于容易破碎或不耐压的包装物，如玻璃、陶瓷及塑料玩具等方面的包装。

（2）B 瓦楞。低而密，平压强度高，但多层堆码的耐压强度稍差，适用于产品本身富支撑力及耐压物品的包装，如饮料、食品罐头等物品。

（3）C 瓦楞。其厚度介于 A 瓦楞与 B 瓦楞之间。

（4）E 瓦楞。厚度最薄，平压强度最佳，可取代普通纸板。广泛应用于产品的内包装和个包装，可以施以精美印刷，具有良好的商业展示效果。

3.1.2 瓦楞纸箱结构设计

1. 设计条件的确定

设计瓦楞纸箱结构时，应考虑以下条件：

（1）内装商品的形状、质量、空间尺寸、数量、价值、装箱方式及防护要求。

（2）流通过程中的运输、仓储、操作、工具、温度、湿度及时间等要求。

（3）销售方面的印刷、展示及方便性要求。

（4）生产条件及成本方面的要求。

（5）标准化的要求。

2. **箱型结构及尺寸比例**

设计瓦楞纸箱时，要首选国家标准或者国际通用标准规定的箱型。

由于纸箱的长（L）、宽（B）和高（H）三尺寸的比例，最终决定了纸板用量、纸箱形状及影响纸箱的抗压强度，所以，要综合分析、协调确定这三个基本尺寸。

L、B 及 H 三尺寸的比例力求合理。为了得到较好的纸箱形状及抗压强度，纸箱的长宽比（L/B）一般取 1.2～1.6，高宽比（H/B）一般小于 2∶1。同时，纸箱底面积的外尺寸，应根据内装物质量、大小，尽可能选用 GB 4892—2008《硬质直方体运输包装尺寸系列》规定的尺寸。

3. **瓦楞纸箱尺寸设计**

（1）内装物排列方式。设计瓦楞纸箱尺寸时，必须对内装物排列方式、理想尺寸比例进行全面考虑。

1）排列数目。内装物在瓦楞纸箱内的排列数目用下式表示：

$$n = n_L \times n_B \times n_H$$

式中 n——单个瓦楞纸箱内装物总数；

n_L——瓦楞纸箱长度方向上排列内装物数目；

n_B——瓦楞纸箱宽度方向上排列内装物数目；

n_H——瓦楞纸箱高度方向上排列内装物数目。

2）排列方向。对于内装物来说，按其本身的长度、宽度和高度（l、b、h）与瓦楞纸箱的长度、宽度和高度（L、B、H）的相对方向，同一排列数目可以有 6 种排列方向，见表 3—1。

表 3—1　　内装物排列方向表

排列方向	$//L$	$//B$	$//H$
P	l	b	h
Q	b	l	h
R	b	h	l
S	h	b	l
T	h	l	b
V	l	h	b

例：某牙膏选用 0201 型瓦楞纸箱作外包装，内装中包装 24 盒，中包装外尺寸为 190 mm×140 mm×120 mm，试选择合适的排列方法。

分析：牙膏软管在中包装盒内只能平放或侧放。

$lh//LB$ 或 $bh//LB$

而中包装盒以立放为最佳。

即　P型　$l//L$

或　Q型　$b//L$

将中包装盒的长度、宽度和高度分别乘以倍数，见表 3—2。

表 3—2　　中包装盒的长度、宽度与高度倍数表

	n_l	n_b	n_h
×1	190	140	120
×2	380	280	240
×3	570	420	360
×4	760	560	480
×5	950	700	600
×6	1 140	840	720
×7	1 330	980	840
×8	1 520	1 120	960
…	…	…	…

因为 0201 型纸箱最佳尺寸比例是 $L:B:H=1.5:1:1$，从表 3—2 中可以发现，只有 $4b\times2l\times3h=560\times380\times360$，最接近目标，因此选定排列方式为 Q 型：$n_l\times n_b\times n_h=4b\times2l\times3h$。

（2）内尺寸。内尺寸计算公式如下：

$$X_i=x_{\max}\cdot N_x+d(N_x-1)+T+K_i$$

式中　X_i——纸箱内部尺寸，mm；

$x_{\max}$——内装物在 X 方向上的最大外尺寸，mm；

N_x——内装物在 X 方向上的排列件数；

d——中包装间隙系数，mm；

T——隔衬及缓冲材料总厚度，mm；

K_i——内尺寸修正系数，mm。

内装物为单件时，$T=0$，$N_x=1$，则有 $X_i=x_{\max}+K_i$。

中包装间隙系数 d 根据内装物类型取值如下：

针棉织品：$d=\pm3$ mm/打；

中包装纸盒：$d=\pm$（1～2）mm/件；

刚性内装物：$d=1\sim2$ mm/件。

瓦楞纸箱的内尺寸修正系数见表 3—3。

例：计算瓦楞纸箱内尺寸。

已知：$l_{\max}=190$　　$b_{\max}=140$　　$h_{\max}=120$

$n_l=4$　　$n_b=2$　　$n_h=3$　　Q 型排列

表 3—3　　瓦楞纸箱的内尺寸修正系数　　mm

<table>
<tr><th rowspan="2">内尺寸</th><th rowspan="2">L_i</th><th rowspan="2">B_i</th><th colspan="3">H_i</th></tr>
<tr><th>小型箱</th><th>中型箱</th><th>大型箱</th></tr>
<tr><td>修正系数 K</td><td>3～7</td><td>3～7</td><td>1～3</td><td>3～4</td><td>5～7</td></tr>
</table>

求：L_i、B_i、H_i。

解：查表 3—3，取 L_i、B_i、H_i修正系数 K_i分别为 5、5、4，$d=1$，

代入公式，得：

$L_i=140\times4+(4-1)+5=568$（mm）

$B_i=190\times2+(2-1)+5=386$（mm）

$H_i=120\times3+(3-1)+4=366$（mm）

（3）制造尺寸。制造尺寸计算公式如下：

$$X=X_i+t+K$$

式中　X——纸箱制造尺寸，mm；

X_i——纸箱内尺寸，mm；

t——瓦楞纸板的厚度，mm；

K——制造尺寸修正系数。

这是制造纸箱时需要的图样尺寸。在实践设计中，已选定的瓦楞纸板厚度是一个确定的常数，一般在修正系数 K 中统一考虑，则公式简化为：

$$X=X_i+K_x$$

修正系数 K_x的选用，与纸箱箱型、纸板楞型相关。表 3—4 列出了 02 型纸箱的制造尺寸修正系数，可供参考。

表 3—4　　02 型纸箱的制造尺寸修正系数　　mm

<table>
<tr><th colspan="2" rowspan="2">尺寸</th><th colspan="2">单瓦楞</th><th colspan="2">双瓦楞</th><th colspan="3">三瓦楞</th></tr>
<tr><th>一块成型</th><th>两块成型</th><th>一块成型</th><th>两块成型</th><th>一块成型</th><th>两块成型</th><th>三块成型</th></tr>
<tr><td rowspan="2">长</td><td>L_1</td><td>6</td><td rowspan="2">6</td><td>8</td><td rowspan="2">8</td><td rowspan="2">8</td><td rowspan="2">10</td><td rowspan="2">10</td></tr>
<tr><td>L_2</td><td>6</td><td>8</td></tr>
<tr><td rowspan="2">宽</td><td>B_1</td><td>6</td><td rowspan="2">4</td><td>8</td><td rowspan="2">6</td><td colspan="3" rowspan="2">8</td></tr>
<tr><td>B_2</td><td>4</td><td>6</td></tr>
<tr><td>高</td><td>H</td><td>8</td><td>8</td><td>16</td><td>16</td><td>16</td><td>20</td><td>20</td></tr>
</table>

注：L_2，B_2为与纸箱合部相邻两侧面的长和宽。另两侧面的长和宽为 L_1、B_1，为使纸箱呈 90°角，一般 $L_1>L_2$，$B_1>B_2$。

（4）外尺寸。外尺寸计算公式如下：

$$X_o=X+K_o$$

式中　X_o——纸箱 X 方向的外尺寸，mm；

X——纸箱某方向的制造尺寸，mm；

K_o——外尺寸修正系数，mm。

瓦楞纸箱外尺寸的修正系数见表 3—5。这是流通堆码时用的标注于箱外的尺寸。

表 3—5　　瓦楞纸箱外尺寸的修正系数　　m

结构	单瓦楞	双瓦楞	三瓦楞
修正系数 K_o	4～8	8～12	12～14

（5）伸放量。0201 型纸箱的伸放量见表 3—6。

表 3—6　　0201 型纸箱的伸放量　　mm

纸板类别	楞型	伸放量			
		a_1	a_2	a_3	a_4
单瓦楞纸板	A 楞	6	4	9	4
	C 楞	4	3	8	3
	B 楞	3	2	6	1
双瓦楞纸板	AB 楞	9	6	16	6
	BC 楞	8	5	14	5

4. 瓦楞纸箱的抗压强度设计

抗压强度是评价瓦楞纸箱的重要指标，是设计瓦楞纸箱的重要条件。瓦楞纸箱的抗压强度是指在压力试验机均匀施加载荷至箱体破损时的最大载荷量。

（1）影响瓦楞纸箱抗压强度的因素

1）基本因素

①原纸强度——内面纸、外面纸、瓦楞芯纸的环压强度（RCT）或瓦楞芯平压强度（CMT）。

②瓦楞楞型——A、B、C、E。

③瓦楞纸板种类——单瓦楞（三层）、双瓦楞（五层）、三瓦楞（七层）等。

④瓦楞纸板含水率。

2）可变因素

①箱型尺寸比例。

②印刷面积与开孔位置。

③纸箱的制造误差等。

（2）瓦楞纸箱抗压强度的计算方法

1）通过凯里卡特公式计算。其计算公式为：

$$P = 2.52P_x \cdot Z \cdot J(\frac{a_{xz}}{z})^{\frac{2}{3}}$$

式中　P——瓦楞纸箱抗压强度，N；

P_x——瓦楞纸板综合环压强度，N/cm；

Z——纸箱周长，cm；

J——纸箱常数；

a_{xz}——楞型常数，见表3—7。

表3—7　**单瓦楞纸箱的凯里卡特常数值**

常数项	楞型					
	A	B	C	AB	BC	AC
a_{xz}	8.36	5.0	6.1	13.36	11.1	14.46
J	0.59	0.68	0.68	0.635	0.68	0.635
C	1.532	1.361	1.477	2.893	2.838	3.009

其中，瓦楞纸板综合环压强度 P_x，双瓦楞纸板可用下式计算：

$$P_x=\frac{R_1+R_2+R_3+R_{m1}\cdot C_1+R_{m2}\cdot C_2}{15.2}$$

式中　P_x——瓦楞纸板综合环压强度，N/cm；

R_1，R_2——面纸环压强度，N/cm；

R_3——芯纸环压强度，N/cm；

R_{m1}，R_{m2}——瓦楞原纸环压强度，N/cm；

C_1，C_2——瓦楞收缩率。

a_{xz}、J 和收缩系数 C 见表3—7。

2）通过 Mckee 公式计算，其公式如下：

$$P=1.858\times10^{-2}\times P_m\times\sqrt{tz}$$

式中　P——瓦楞纸箱抗压强度，N；

P_m——瓦楞纸板边压强度，N/m；

t——瓦楞纸板的厚度，cm；

z——纸箱的周边长［2（$L+B$）］，cm。

国家标准《运输包装用单瓦楞双瓦楞箱》（GB 6583—2008）中等效采用了 Mckee 公式，其形式与原式稍有不同：$P=5.87\times P_m\times(H\times z)^{0.5}$。

（3）纸箱抗压强度的合格条件。瓦楞纸箱抗压强度的合格条件是，纸箱在存储堆码中所承受的最大压力，小于等于按凯里卡特公式计算的设计强度值，即：

$$P_s\leqslant P$$

P_s为瓦楞纸箱堆码最大负荷，其计算公式为：

$$P_s=9.81K\cdot G\frac{H-h}{h}$$

式中 P_s——瓦楞纸箱堆码最大负荷，N；

K——纸箱堆码安全系数；

G——纸箱包件质量，kg；

H——纸箱堆码高度，cm；

h——纸箱高度，cm。

纸箱堆码安全系数 K，根据纸箱所装货物的储存期和储存流通条件决定，储存期少于30天，$K=1.6$；储存期30～100天，$K=1.65$；储存期100天以上，$K=2$。如果流通条件更恶劣，K 可取到5。

5. 瓦楞纸箱技术要求

瓦楞纸箱的技术、质量要求，除瓦楞纸板、箱体尺寸应符合标准或设计要求外，其他有关要求可参阅有关瓦楞纸箱验收的国家标准。

（1）黏合纸箱使用乙酸乙烯乳液或具有同样效果的其他胶黏剂。

（2）箱体方正，四角无漏洞，切断表面裂损宽度不超过8 mm。

（3）箱面印刷图字清晰，位置准确，深浅一致，必须在箱盖内印有纸箱生产厂名称及代号。

（4）箱体接头钉合，其搭接舌片宽度30～50 mm，接头黏合舌片宽度不小于30 mm，钉合单排钉距不大于80 mm，头尾钉距顶（底）面压痕线不大于20 mm。

（5）纸箱压痕线宽度，单瓦楞不大于12 mm，双瓦楞不大于17 mm，折线居中。

（6）纸箱摇盖经开、合180°往复五次以上；1类、2类箱面层、里层不得有裂缝，3类箱外面层不得有裂缝，内面层裂缝长度总和不大于70 mm。

3.2 塑料包装容器结构设计

在上一级别教材中，已经介绍了形成塑料包装容器的塑料材料的种类及基本性能、塑料包装容器的类别及造型设计原理，这里重点介绍塑料包装容器的材料选用、成型工艺和技术结构等。

3.2.1 塑料包装容器材料的选用

1. 材料选用原则

对一定用途的包装产品，应根据容器在流通过程中的综合因素来确定所用的材料。

（1）包装、储存、运输中的环境条件和作业要求。为了体现包装功能，所选用的材料必须具备相应特征，以使内装物免受机械性损伤，耐受各种气候和化学因素的侵蚀。不同商品的具体性能要求侧重点不同，应抓住关键。

一般来说，这些性能包括抗压强度、抗冲击强度、刚度、韧性，防蠕变性、抗静电性、尺寸稳定性、耐刮伤、透明性，耐高温、耐油脂、耐有机溶剂、耐酸、耐碱，保香、保味、对水气阻隔性、材料迁移性等。常用塑料包装材料的主要性能见表 3—8，供设计时参考。

表 3—8　　常用塑料包装材料的主要性能

材料名称	透水汽率	透气性		耐化学性			温度范围（℃）	透明度	耐刮伤性	翘曲	刚性	冲击强度	韧性	吸尘性	印刷性
		O_2	CO_2	酸	碱	溶剂									
LDPE	1.3	550	2 900	良	良	良	−56～82	高	112	3	0.2	20	400	高	中
HDPE	0.3	600	450	优	优	优	−29～121	半	38	4	1.5	10	100	高	中
PVC（硬）	4	150	970	优	优	中	−45～93	高	45	0.2		8.0	20	高	优
PS（通用级）	8	310	1 050	良	优	差	−62～80	高	120	0.4		0.3	1	很高	优
PP	0.7	240	800	良	优	优	−18～133	半	90	2	2	1.0	300	高	良
PET	0.7	14	16	优	优	优	−56～110	高	68	2	5.5	4.8	100	中	中
AN	7	0.8	1.1	良	中	良	−73～71	高	60	0.4	4.4	2.5	5	高	良
PC	11	300	1 000	良	差	中	−135～132	高	118	0.6	3.4	3.0	75	中	优
ABS				良	良	中	−54～102	半	100	0.6	3	6.2	60		中
PF				中	中	良	−73～121	不	7 120	1	10	0.5	1	低	良
UF				中	中	良	−73～78	半	150	1		0.4	1	低	

（2）包装内装物对材料的形态要求。包装内装物的形态各异，有粉末、液体、黏稠体、固体等，需要采用相应可靠的盛装和密封的方法，于是产生了包、袋、瓶、盒、箱、盘、罐、桶、软管、泡罩等各类包装容器。这些容器的成型方法各不相同，成型工艺对制品材料也有不同的形态要求，因此，选材时应充分注意材料的形态特性，了解加工前后性能的变化，使包装容器能满足成型工艺和包装流通的要求。

（3）卫生法规。当产品受到卫生法规限定时，需慎重选择包装材料，以保证消费者健康。就药品的刚性包装而言，美国食品及药物管理局（FDA）批准可用的材料仅为聚乙烯（PE）和聚苯乙烯（PS），而聚氯乙烯（PVC）则限制于一定使用范围内。又如美国 FDA、美国烟酒枪械管理局（BATF）和美国农业部（USDA）对食品、药品、化妆品、烟、酒、肉、禽的卫生品质和包装材料安全性颁布过一系列法规。总的原则是：包装容器不能用含有损害人体健康物质的材料制成，严格限制包装材料的物质和色素转移内装物中，也不允许因包装结构形式的改变影响内装物的品质、安全性及效力等。

（4）印刷适应性。大多数包装容器的外表需装潢印刷，需要采用多种印刷工艺。这时所选材料的表面性能和适印性尤为重要。不同容器和材料之间适印性能相差甚大。

如苯胺印刷可广泛应用于薄膜，胶版印刷用于瓶、罐、软管等的外表面，丝网印刷大量用于小批量硬性制品或需要表面浮雕效果的包装物，热烫印工艺可印制金、银色等大面积色彩。

2. 塑料包装容器材料的选用示例

塑料包装容器的内装物品种繁多，初步划分为食品、化妆品、家用化学品、医药制剂、其他商品等。包装材料应尽量服从与满足各类商品的性能要求，以有利于商品的销售和使用。

各类商品常用的包装容器与材料，见表 3—9。

表 3—9　各类商品常用的包装容器与材料

商品类别	对包装的基本要求	商品名称	所用包装材料与容器	包装材料与容器的特性
食品	质量轻 化学稳定性好 保味、保香 不污染食品 透明度好	黄油、果酱、乳酪、奶油、色拉油、食油	PS 罐、拉伸 PET 瓶、多层吹塑瓶	透明，安全，保香，可挤压性，易取用，刚度好，薄壁
		番茄酱、蛋黄酱、醋、果汁	LDPE、PS 二片瓶、多层吹塑瓶、真空成型容器	
		调味品、蜂蜜、果冻、其他食品	PE 瓶、拉伸 PET、PP 瓶、多层吹塑瓶、真空成型浅盘、PVC 浅盘	
药品	透明度好 不易碎 印刷性好	药丸、药片、药膏	PS 瓶、HDPE 瓶、韧性 PS 瓶（盒）	高度防潮，耐高温消毒，可印刷性，可挤压性，不开裂，不易碎
		眼药、手足药、皮肤药	LDPE 瓶、PC（polycarbonate）、PET 瓶	
		输液	拉伸 PP 瓶	
		抹药	PP、HDPE 瓶	
化妆品	化学稳定性好 质量轻 化学相容性好 色彩多样	粉饼、面乳、唇膏、爽身粉、剃须皂	PS	抓握时手感好，轻巧耐用，光洁度好，不易碎，适于潮湿环境，铰链处强度好
		粉盒、眼影膏、喷雾香水	PP	
		香波、护肤霜、防晒霜、祛臭剂	HDPE、LDPE	
日用化学品	耐腐蚀 不开裂 化学稳定性好 轻柔	除锈剂、清洗剂、驱蝇剂、漂白剂	PVC、HDPE 瓶	薄壁，相对密度小，可挤压性，强度好，显色彩性和透明度好
		洗涤剂、家用清洁剂	PP 瓶、拉伸 PET 瓶、LDPE 瓶、HDPE 瓶、PVC 瓶	
其他		储水容器、石蜡油	LDPE、HDPE 吹塑瓶	轻盈，安全，便携，透明，标志清楚
		农药	HDPE、多层挤压瓶	
		氢氟酸	PE 瓶	

3. 塑料包装容器的成型方法

塑料包装容器的成型方法及相应的制品见表 3—10。

表 3—10　　塑料包装容器成型方法及相应的制品

类别	成型方法	制品特性	制品
1	注射成型	成品精致，适合大量生产	瓶、杯、罐、箱
2	挤出吹塑	外形不规则，低成本制品	小口瓶类
3	注射吹塑	外形不规则，尺寸精确	化妆品、药剂大口瓶
4	真空成型	薄壁、开口容器	泡罩贴体包装
5	热压成型	厚片、开口容器	盘、盆、盒
6	旋转模塑	大型、奇特外形	超大容器
7	发泡热成型	壁厚发泡，保温性	保温盒、浸渍食品盒

3.2.2　塑料包装容器结构设计要素

1. 注射与压制成型容器

（1）容器壁厚。塑料容器的壁厚不仅是重要的结构要素，而且对成型的工艺过程也有重要影响。

1）确定壁厚的原则

①满足容器强度、刚度等使用要求。

②结合结构和尺寸设计，使成型件具有较为合理的工艺性，保证精度、质量等。

③满足嵌件固定，孔、凹型口沿及零件配合强度要求。

④顺利脱模，不发生局部损伤。

⑤节约材料、能耗，提高生产率。

2）壁厚的设计

①壁厚设计中，器壁不同部位的壁厚力求均匀，如图 3—1 所示。若厚度过大，既浪费材料，增加成本，又延长了模塑时间。若厚度过小，物料流动阻力增大，塑料容器容易产生缩孔、凹陷、气泡等缺陷，某些大而复杂的容器更难以充满型腔。

②容器的最小厚度应满足足够的刚度和强度，能耐受脱模机构引起的振动冲击，能承受装配时的紧固力。

③同一塑料容器各部分壁厚应尽量均匀，角隅处薄厚不应相差很大，尽量采用圆角过渡，否则会因冷却收缩或固化速度不同而产生内应力，使塑料容器开裂。转角处厚度比规定为：热固性材料 1∶（3～5），热塑性材料（1∶1.2）～（1∶1.5），如图 3—2 所示。

④对于热固性塑料，小件壁厚一般取 1.6～2.5 mm，大件壁厚一般取 3.2～8 mm，脆性酚醛塑料壁厚应小于 3.2 mm。

⑤热塑性塑料易于制成薄壁容器，最薄可达 0.25 mm，但一般不宜小于 0.6～

0.9 mm，通常取 2～4 mm。

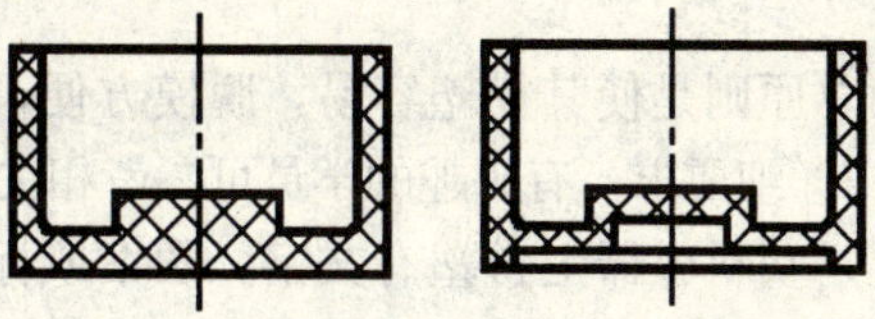

a)　　b)

图 3—1　塑料件壁厚设计合理性比较

a）壁厚不均匀　b）壁厚均匀

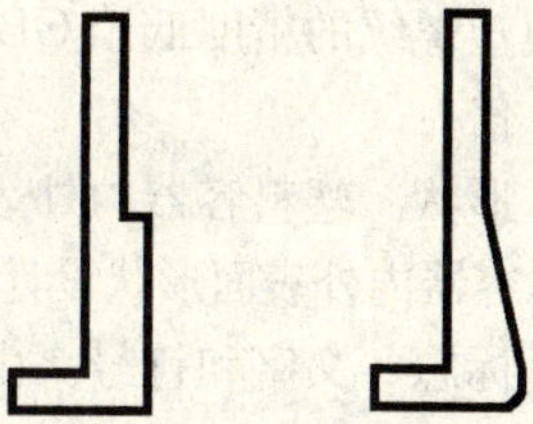

a)　　b)

图 3—2　壁厚过渡结构

a）不良　b）良

（2）加强筋。加强筋的作用是在不增加容器厚度的条件下，增强机械强度。可口可乐公司生产“雪碧”的瓶装饮料的容器上，就设计了几排点线加强筋。其作用除了美观大方之外，更重要的是为了防止消费者在使用时，因手沾水而打滑所做的设计，如图 3—3 所示。同样，广州本田公司的 1.5 L 润滑油包装瓶，设计时考虑防滑，增加摩擦力，在容器的抓手部位设计了几根斜向的加强筋，既方便，又新颖，使消费者切实感受到人性化设计的关怀与体贴，如图 3—4 所示。设计加强筋时，应注意如下几个方面。

图 3—3　加强筋的应用（一）

图 3—4　加强筋的应用（二）

1）避免和减少塑料的局部堆积，多条加强筋应互相错开排列，否则易生缩孔、气泡、裂纹等。

2）加强筋要有足够斜度，筋与容器主体连接部应以圆弧过渡。加强筋设计得矮一些、多一些为好。两加强筋之间中心距应大于筋厚度的 2 倍。

3）加强筋厚度不应大于容器壁厚，否则会出现凹陷。

（3）圆角。塑料容器的内外表面转角处，除了有特殊需要或在分型面、型芯与型腔配合处外，都应以圆角过渡，原因如下：两面相交或三面相交处的圆角，可分散应力，减少变形；圆角可大大改善塑料的充模特性，料流易于流动、易于充满型腔，使制品更完整。

（4）螺纹。塑料容器上的螺纹主要在瓶口部位，可直接模塑成型，也可模塑后经加工而成。模塑螺纹的精度低于GB 3级，螺纹外径不小于2 mm，螺纹长度一般不大于螺纹直径的1.5倍。

（5）形状。塑料容器内外表面形状设计的总原则是使其模塑容易，脱模方便，不易变形。塑料容器内外表面形状设计在本等级中不作详细要求，有兴趣的学员可参考相关资料。

（6）标志、文字和符号。由于装潢的需要，塑料容器上常塑有文字、图案或标志。标志有阳文或阴文两类。由于模具上阳文容易加工，因此塑件标志多用阳文。有时为了更换标志，可将标志成型部件制成嵌件，镶嵌于凹模或凸模上。文字与符号的凸出高度应大于0.2 mm，通常以0.3～0.5 mm为宜。线条宽度在0.3 mm以上，一般以0.8 mm为宜，两条线条的间距不小于0.4 mm。当凸起的文字或符号设计在浅框内时，其边框可比字体高出0.3 mm以上，文字符号的脱模斜度可大于10°，如图3—5所示。

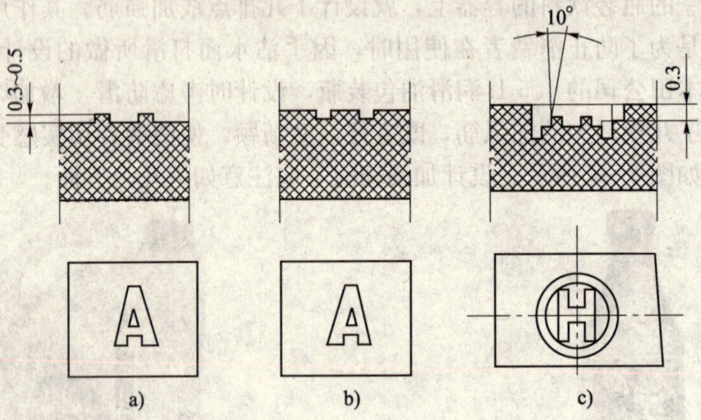

图3—5　塑件文字或符号

a）凸字　b）凹字　c）凹凸字

2. 吹塑成型中空容器

吹塑成型是利用空气压力使闭合在模具中的热型坯吹胀成为中空塑料容器的方法。可以吹塑成型几毫升的药水瓶到几千升的大型储罐，适合于各种形状的中空塑料容器。

吹塑成型中空容器的结构工艺参数包括吹胀比、延伸比、瓶口构造、机头尺寸等，可参考专业资料。

吹塑容器的结构设计应满足内装物的容量和防护要求，在生产、灌装和流通过程中的强度、刚度要求，以及在使用上的方便功能等。

（1）容器的外形。吹塑容器的外形，应横向、纵向统一考虑，力求整体造型美，保证必要的强度、刚度，同时要便于脱模。

常见吹塑容器截面有圆形、正方形、长方形、三角形、椭圆形、球形及异型等。其中，圆形容器（见图3—6）是较常用的，原因是圆形壁厚较均匀，冲击强度高，且制模方便，生产率高，但运输时装载空间的利用率低，最多只能达到75%。方形容器（见图 3—7）支撑面大，存放稳定，装载空间利用率高，但壁厚偏差较大，易发生鼓胀。椭圆形容器（见图 3—8）的优缺点介于圆形容器和方形容器之间，形体美感强，力学性能也较好，多用于化妆品包装。

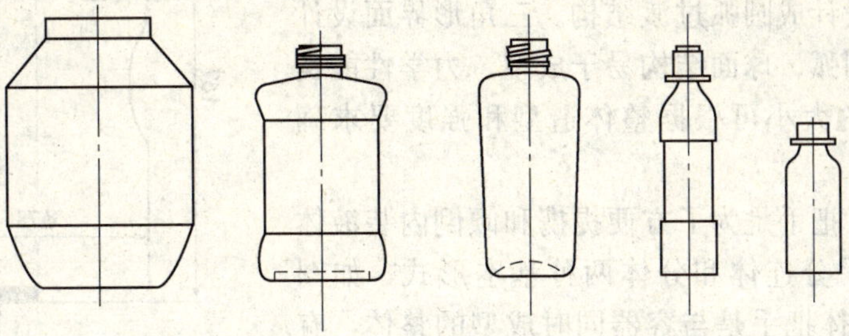

图 3—6　圆形容器

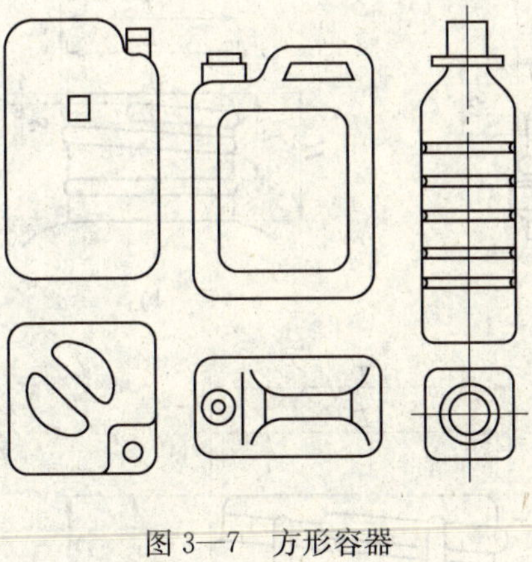

图 3—7　方形容器

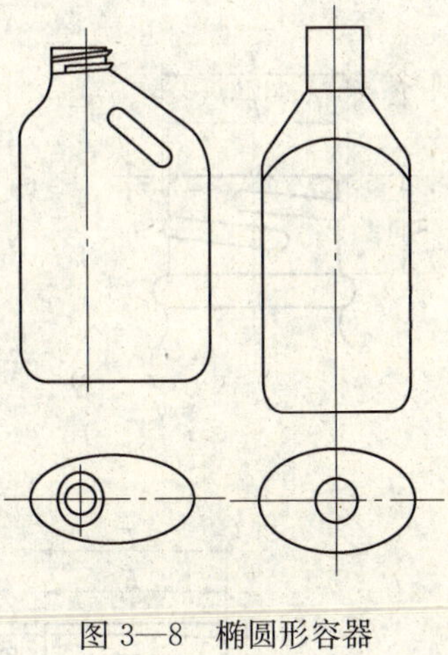

图 3—8　椭圆形容器

（2）容器的壁厚。如图 3—9 所示，为挤出吹塑成型的洗发液瓶，瓶子各部位的壁厚差异很大，最大壁厚 4.2t 与最小壁厚 0.4t，壁厚比达 10∶1。

中空吹塑制品，特别是挤出吹塑制品，其壁厚一般难于达到均匀一致。所以，设计上给出的壁厚要求，一般是指最小壁厚或平均壁厚。

（3）容器瓶口

1）螺纹瓶口。吹塑成型容器的螺纹瓶口，其螺纹牙型为梯形或半圆形。不采用三角形的细牙或粗牙螺纹，是为了保证螺纹的成型质量。常用螺纹瓶口结构如图 3—10 所示。为了便于消除合模面产生的飞边，可以设计成间断螺纹。

2）非螺纹瓶口。弹性压盖瓶口结构如图 3—11 所示。利用瓶口外圆表面的凸缘弹卡结构，瓶盖可以快速压合，实现瓶口封盖，也可快速掀起打开瓶盖。对密封和强度要求较高的吹塑容器瓶口，可采用嵌件结构。如高密度聚乙烯（HDPE）瓶口嵌件和金属嵌件。

（4）过渡圆角。容器不同面交接的棱边、棱角，如侧壁与底部、侧壁与侧壁、侧壁与顶面、壁与把手的交接，都应设计成圆弧过渡结构。三角形界面设计成球面过渡。圆弧、球面结构易于成型，力学性能良好。圆弧半径的大小可根据整体造型和强度要求确定。

（5）把手。把手是为了方便提携和倾倒内装液体而设计的。把手分连体和分体两种基本形式，如图3—12所示，连体把手是与容器同时成型的整体，有空心连体把手和实心连体把手两种。空心连体把手可用挤出吹塑成型，而实心连体把手则在注射吹塑中与

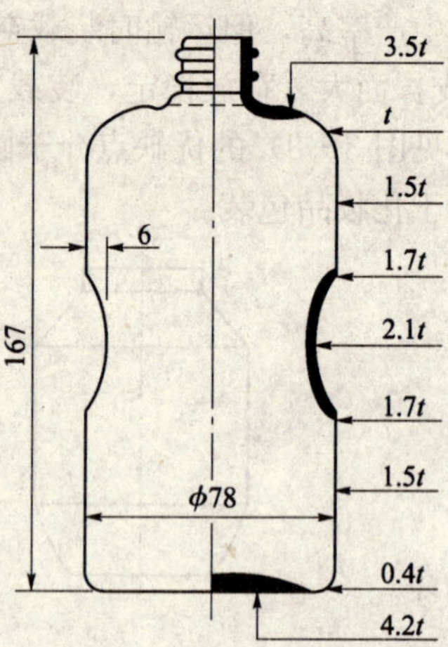

图 3—9　吹塑瓶壁厚（洗发液瓶）

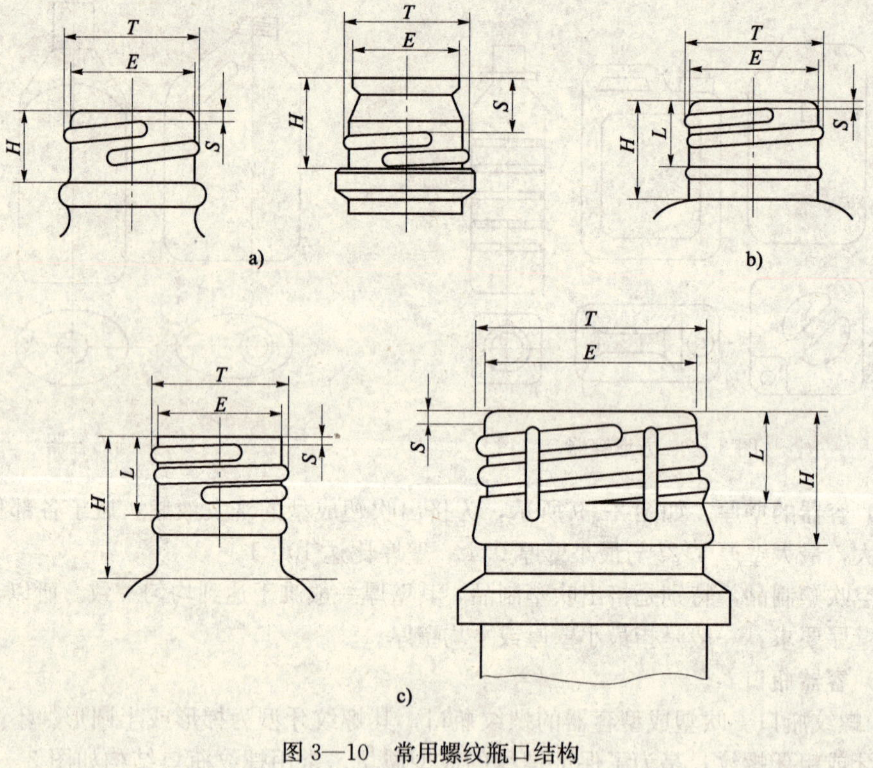

图 3—10　常用螺纹瓶口结构

a）一圈　b）一圈半　c）两圈

型坯同时注射成型。

分体把手与容器是各自独立分别成型的。把手可以是强度较高的塑料件，也可以是金

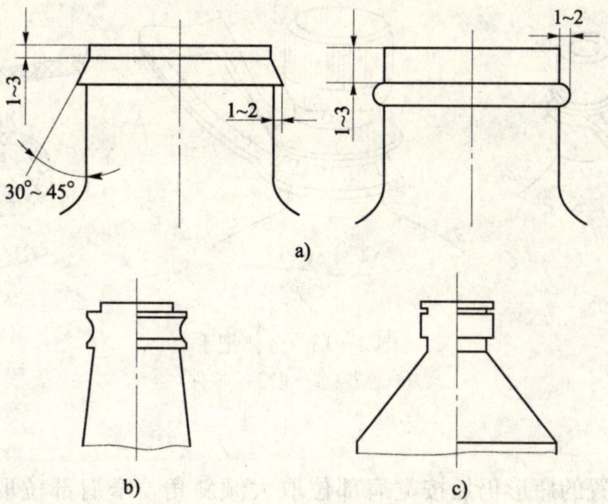

图 3—11　弹性压盖瓶口结构

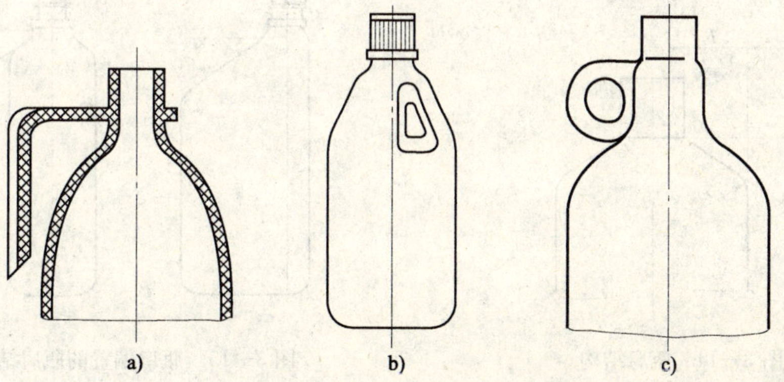

图 3—12　连体把手
a）实心　b）空心　c）实心

属件。分体把手通过嵌镶或弹卡等结构形式与容器连接，如图 3—13 所示。

（6）瓶肩结构。中空容器所受垂直载荷，除了内装物自重以外，主要来自内装物料的灌装压力、瓶盖封盖压力及容器堆码时上面各层的压力，这要求容器必须有足够的垂直载荷强度及旋合瓶盖所要求的抗扭强度。中空容器的肩部宽度，肩部倾斜角及其过渡圆角 r，是影响垂直载荷强度的主要参数，如图 3—14 所示。

显然肩部宽度 b 越大，倾斜角 α 越小，容器垂直载荷强度越差。平肩在同样大的负荷下，易发生凹陷。不同的材料，其肩部结构应有所区别，如用 HDPE 成型吹塑瓶时，当肩部宽度 b 为 13 mm 时，倾斜角 α 不应小于 12°；b 为 50 mm 时，α 应取 30°为宜。过渡圆弧半径 r 在不影响形体美的条件下应取较大值，以便改善受力状况，提高容器的垂直载荷

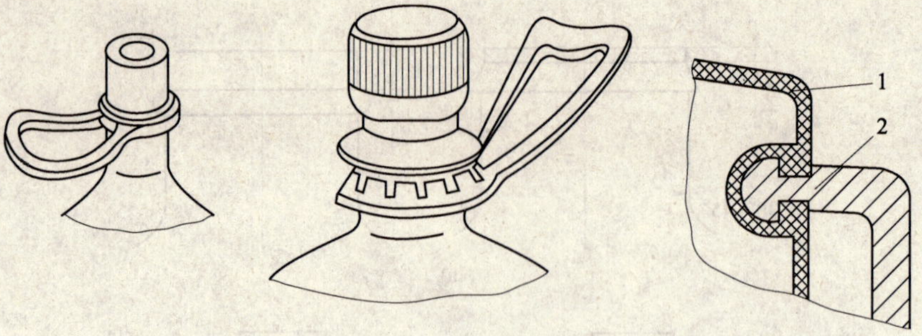

图 3—13 分体把手
1—容器 2—把手（嵌件）

强度。

另外，瓶口偏置的瓶形仍然按宽肩部位取大倾斜角，窄肩部位取小倾斜角的原则设计，如图 3—15 所示。

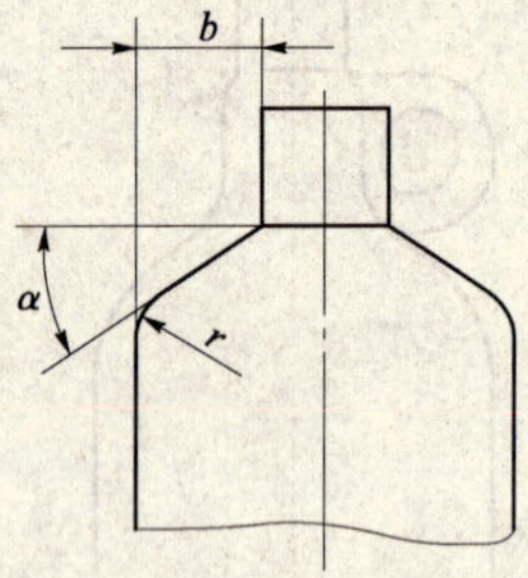

图 3—14 瓶肩结构

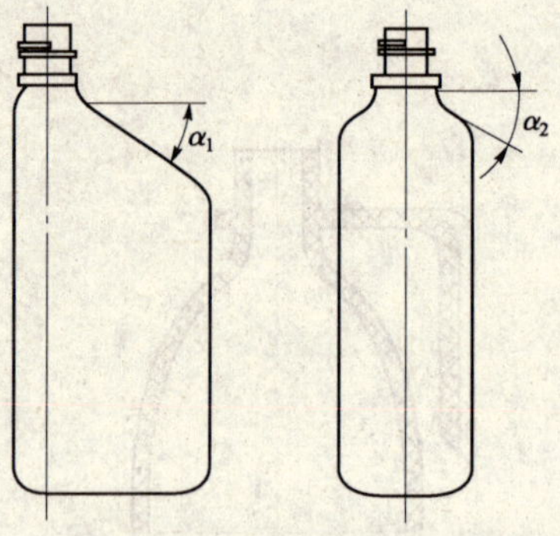

图 3—15 瓶口偏置的瓶肩结构

（7）瓶底结构。吹塑容器底部具有均匀传递垂直载荷、防止因内压而爆裂的设计要求。为此，在设计实践中，常采用一些强化瓶底的结构。如瓶根内收，瓶根与瓶底面用大圆角过渡，在保证底部周向有一定支承面宽度的前提下使底面内凹等，这样可以防止角部应力开裂，增强耐冲击的强度。

普通内凹底如图 3—16a 所示，一般采用较大的倾斜角 β 和凹面半径 R，很多瓶底的内凹面还设计有中心对称的凸形图案，目的是提高瓶底的承压强度。具有良好耐内压性能的球面底如图 3—16b 所示，但需要一个底座黏合在容器的球形底面上，以解决容器的支撑问题。花瓣形瓶底如图 3—16c 所示，它不需要另外加装底座。

（8）器壁结构

1）商标区。商标区可以作为标贴区，也可以在区内直接吹塑成型文字或图案，如图 3—17 所示。

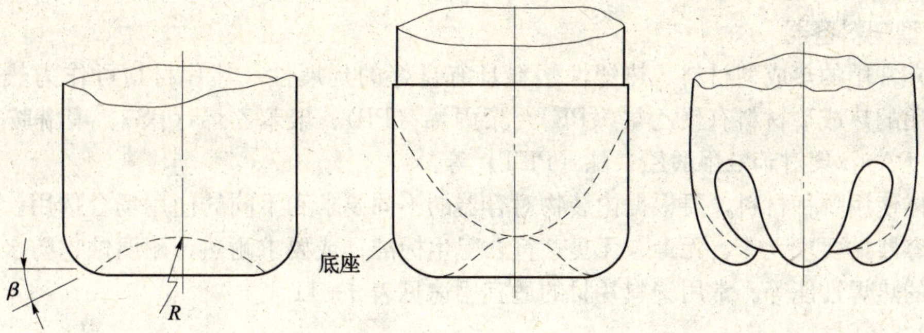

图 3—16　吹塑容器瓶底常见结构

a）内凹底　b）球面底　c）花瓣底

商标区相对容器表面采用内凹、图案字母外凸的结构，上下标界力求明显，但为了防止标界的突变而引起应力开裂，应以小圆角过渡为宜，如图 3—17 中“1”部位的结构形式。另外，容器表面的凹凸棱边、阶形面、文字标记、花纹图案等，应设 1/15 的脱模斜度，以方便开模。

2）刚性结构。在容器壁厚确定的情况下，可以通过器壁结构设计来提高容器的刚性，并且应与表面装饰设计结合起来。如图 3—18 所示，圆形容器的周向凹凸结构、方桶的纵向凹凸结构及麻面装饰等都可以增强中空容器的刚性。但要注意，周向凹凸结构有降低垂直载荷强度的作用。有些功能性结构，如瓶体上的内凹的扣手，若设计合理，也能起到加强刚性的作用。

图 3—17　商标区结构

1—商标区界不明显，渐变过渡

2—商标区界明显，突变过渡

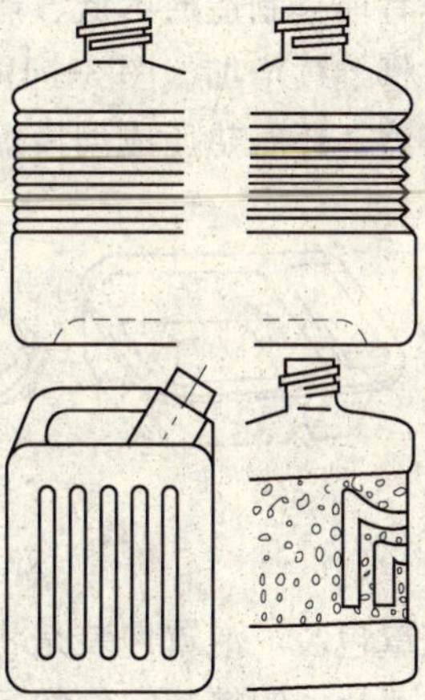

图 3—18　容器刚性结构

3. 热成型塑料容器

（1）常用的热成型材料。热塑性塑料具有良好的延展性，其片材均可作为热成型材料。常用的热成型材料有聚乙烯（PE）、聚丙烯（PP）、聚苯乙烯（PS）、聚酰胺（polyamide，PA）、聚对苯二甲酸乙二酯（PET）等。

具体使用哪种材料，要根据内装物对容器的不同要求和不同的使用场合选用。如盛装食品的容器，要求无味、无毒、无臭；符合卫生标准；或要求耐热、耐腐蚀、防水、透明及良好的热焊性能等。常用塑料片材的适宜用途见表 3—11。

表 3—11　常用塑料片材的适宜用途

片材厚（mm）	适宜用途	选用材料
0.15～0.25	包装用品、薄壁容器、冰激凌杯等	SPVC、PE、PP 等
0.25～0.5	食品、冷饮的杯、盘、碗、盒、箱、盖及小商品包装等	RPVC、PP、PS、ABS、APET 等
0.5～1.0	箱体、罐类容器、罩壳、文具、玩具等	PP、PE、CA、ABS、PMMA 等
1.5～3.0	冷库用箱、周转箱等	HIPS、RPVC、ABS 等

（2）热成型的工艺和特点。各种热压成型制品包括泡罩包装、贴体包装及带盖的浅盘等，以透明塑料片材或薄膜为原材料，经过加热使其软化并能变形弯曲，然后再用抽真空或加压或成型模具使其形成所要求的形状。热压成型法可制取薄壁容器，省料而成本低。热压成型模具也比其他成型法模具便宜得多。其成型工艺原理实际与压制、真空成型原理基本相同，其制品的结构工艺要求也相似。可以用阳模，也可以用阴模加助塞来成型。

热压成型包装已有较久的历史，在食品、医药、五金零件的包装中占主要地位。热压成型制品具有模具制造成本低、产量高、能耗低、用材省、透明度好等优点，其在包装业中的重要性将继续增加。图 3—19 所示为各种热压成型制品及容器示例，既有盛装食品用的一次性容器，还有热压成型模盘式内衬，也有医疗器械成套包装盒。

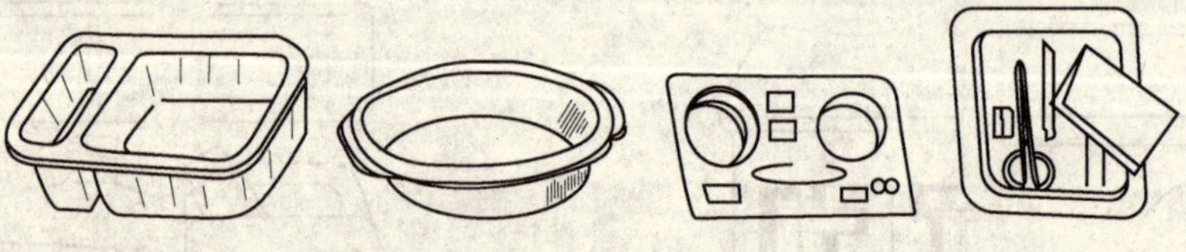

图 3—19　热压成型制品

（3）泡罩包装。泡罩包装是将产品封合在用透明塑料薄片形成的泡罩与底板（用纸板塑料薄膜或薄片、铝箔或它们的复合材料制成）之间的一种包装方法。由于这种包装方法是用衬底作为基础，因此也称为衬底包装。

采用泡罩包装制成的包装件，一方面具有透明的外表，可以清楚地看到产品的外观，同时衬底上可印刷精美的图案和商品使用说明，便于陈列和使用；另一方面包装后的产品被固定在成型的泡罩与衬底之间，在运输和销售中不易损坏，既能保护产品，延长储存期，又能起到宣传商品、扩大销售的作用。

泡罩包装最初主要用于药品包装，如药品片剂、胶囊、栓剂等医药产品的包装，此外，泡罩包装还广泛应用于食品、化妆品、文具、玩具、礼品、工具和机电零配件的销售包装。

泡罩包装的基本结构剖面如图 3—20 所示。

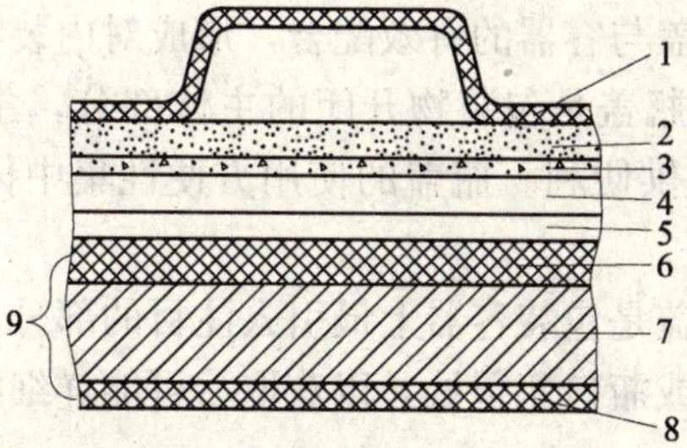

图 3—20 泡罩包装的基本结构剖面

1—塑料泡罩 2—热封涂层 3—印刷油墨 4，5—白土涂层 6—化学表面处理层 7—内施胶 8—化学表面处理层 9—原纸

除了上述几种常见的塑料成型容器外，其他的还有滚压成型容器、真空成型容器、多层吹塑容器、发泡成型容器等，此处不再一一介绍。

3.3 瓶盖结构设计

3.3.1 瓶盖结构概述

1. 瓶盖基本类型

瓶盖或容器盖是包装封闭系统的重要组成部分，它对包装的效果与功能的发挥关系极大。随着各种新型商品的诞生和包装技术的发展，市场上包装容器及其封盖的类型将越来越多。瓶盖类型必须与各种容器和产品的使用方法相匹配。

瓶盖的基本类型大致可以分为如下几种。

(1) 密封盖。这类瓶盖包括普通的螺旋盖，真空密封用的螺旋盖、凸耳盖、压合盖，与含气饮料容器相配的王冠盖及滚压盖等。其主要作用有两个。一是在产品生产中完成对包装容器的封合，二是消费者在使用产品时，确保开启与重复封闭的方便、有效性。密封盖适用于各种普通产品。

(2) 方便盖。这类瓶盖有分配盖、倾倒盖、涂敷盖、喷雾盖等。主要作用是满足粉末、片状、颗粒状、液体、气液混合体类的内容物使用时的特殊要求，如流出量可控制，易挤出，易倾倒，可淋洒，可喷雾等。

(3) 智能盖。智能盖也称控制盖，主要用于消费安全性要求较高的食品、药品、化学品等的包装，使用日益广泛。

（4）其他专用盖。还有其他各种不能归入上述三类的瓶盖，以及专门为满足特殊用途而设计的瓶盖，如排气盖、抗菌素瓶盖等。

2. 瓶盖基本功能

瓶盖的功能源自商品的特性和市场的需求。瓶盖的功能与作用也体现了它在包装技术体系中所占的重要地位。瓶盖的主要功能如下。

（1）保护功能。通过瓶盖与容器的有效配合，形成对内装物的保护性封闭包装。

（2）方便功能。瓶口与瓶盖是包装物开闭的主体部分，主要设计目的就是给产品的生产、流通、保存与使用提供便利。瓶盖的使用方便性集中体现了整个包装物的方便功能。

（3）信息传达功能。瓶盖是包装容器上最引人注目的部分。消费者选购商品时往往先要细看与触摸包装的封缄处或瓶口瓶盖处，以获取尽可能详细的商品质量信息。

3.3.2 密封性盖结构设计

1. 一般螺旋盖

一般螺旋盖都涉及内螺纹、模塑成型。螺纹牙型与瓶口螺纹牙型一致，多采用圆形、锯齿形、梯形等。

螺旋盖的优点是能形成有效的密封，反复开启与闭合很方便，适用的材料非常广泛。

2. 快旋盖

快旋盖也叫凸耳盖，如图 3—21 所示。这种旋合盖只需要旋转 1/4 圈即可旋上或旋下，又因其利用盖上的凸耳与瓶口阳螺纹啮合，故也称凸耳盖。有金属盖和塑料盖两种，金属盖内使用溶胶内衬。在盖的内缘等距分布 2 个、4 个或 6 个指向中央的凸耳，在封合时即可与瓶口阳螺纹啮合。

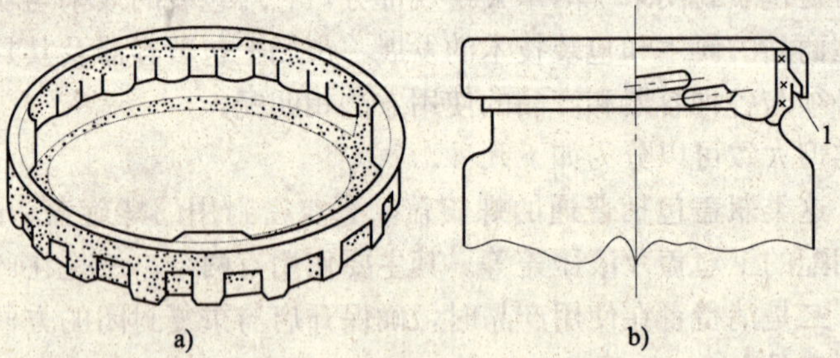

图 3—21 快旋盖（凸耳盖）

a）盖 b）装配图

1—凸耳

金属快旋盖被广泛用于玻璃瓶真空包装，课封盖酱类、汁类、粉末状和颗粒状食品或其他内装物。塑料快旋盖也大量用于食品饮料的塑料容器上。

3. 滚压盖

滚压盖是用延展性好的铝材制成的螺纹盖，如图 3—22 所示。其封盖方法较特殊：先把一加有内衬垫的盖坯（尚未压出螺纹）套在瓶口上，由专门的滚压上盖机垂直加压，使顶部内衬压紧于瓶口上面，形成瓶口密封。然后上盖机的压辊紧靠在盖坯裙部，瓶子自转，压辊顺着瓶口螺纹在瓶盖上滚压出相啮合的螺纹。普通密封、真空密封或压力密封都可用滚压盖。

图 3—22　滚压盖

a）盖坯　b）已成型盖

另外，滚压盖里面还延伸出滚压防盗盖（见图 3—23）、长帽盖（见图 3—24）、带式盖以及双帽盖等类型。其中长帽盖裙部特别长，在酒类包装上用得较多，除了使密封性加强外，还使包装外观更美，更具典雅格调。瓶盖部分更利于增强印刷与装潢效果。

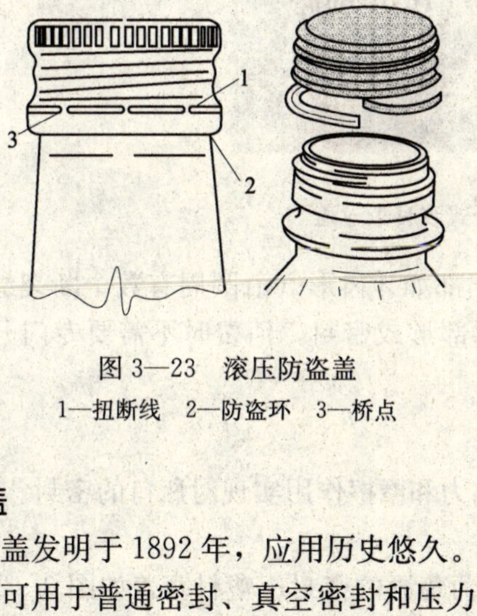

图 3—23　滚压防盗盖

1—扭断线　2—防盗环　3—桥点

图 3—24　长帽盖

4. 王冠盖

王冠盖发明于 1892 年，应用历史悠久。此瓶盖带有一个 21～24 道波纹的短裙部，形似王冠，可用于普通密封、真空密封和压力密封，几乎所有啤酒和碳酸饮料都采用王冠盖，如图 3—25 所示。封盖时短裙部被压折到瓶口上缘锁环处，与之牢牢扣合，开启时用专用扳手可撬开瓶盖。内衬用组合型、塑料或溶胶型。

用于啤酒、汽水等的王冠盖，其内衬应无毒、无异味，平整均匀，另外还应有耐高温的要求，以适应高温灭菌的工艺过程。

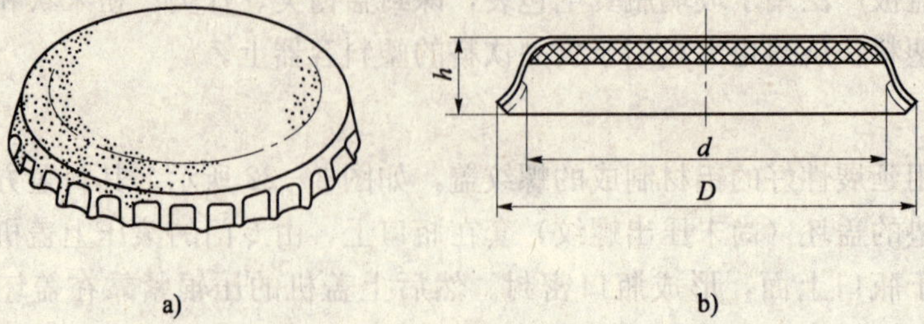

图 3—25　王冠盖
a）外形　b）结构尺寸

图 3—26　易开式改良王冠盖

易开式改良王冠盖如图 3—26 所示，盖裙部如牙齿形（沿圆周有数个断裂缝），外套一个弹性金属环（与瓶盖有相连点），压紧裙部形成密封。消费时不需要专门开盖工具，用力推开弹性环即可拉开王冠盖。

5. 塞盖

塞盖式利用塞进瓶口部分产生的径向压缩力和摩擦作用实现对瓶口的密封。所用材料多为软木、弹性塑料和橡胶等。

软木柱塞如图 3—27a 所示，常用于高档葡萄酒的密封；塑料塞盖如图 3—27b 所示，外加薄膜包覆，一般用于低档调味品的密封；另一种塑料塞盖如图 3—27c 所示，一般用于酒瓶的密封，外配铝皮滚压盖。

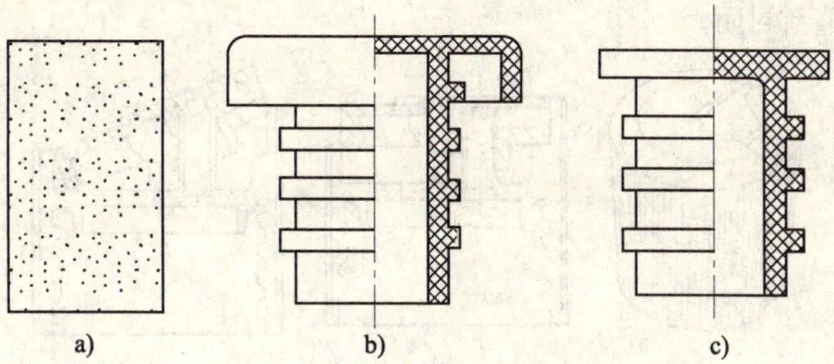

图 3—27　各类型塞盖

a）软木塞盖　b）塑料塞盖　c）外配铝皮滚压盖的塑料塞盖

3.3.3　方便盖结构设计

方便盖是指为了消费者开启瓶盖或取用内装物提供方便的瓶盖。方便盖主要有方便开启和方便取用两种类型。

1. 方便开启瓶盖

（1）推拉盖。推拉盖一般在外面有一个罩盖，掀去罩盖，在盖的中央设计一推拉管，拉出后即可从孔中倒出内容物，如图 3—28 所示。

（2）铰链盖。铰链盖包括一个开有倾倒孔的螺旋盖和一个用塑料铰链与螺旋盖相连的带有小塞的浅顶盖。盖、孔、塞、铰链一次性连体成型，塞和倾倒孔通过摩擦配合密封。使用时推压开启点，使顶盖上翻，塞从孔中拔出，即可从孔中倒出内容物。开启、倾倒、再封闭均可单手独立完成。

铰链盖广泛用于洗涤液、清洁剂等的包装瓶上，如图 3—29 所示。

图 3—28　推拉盖

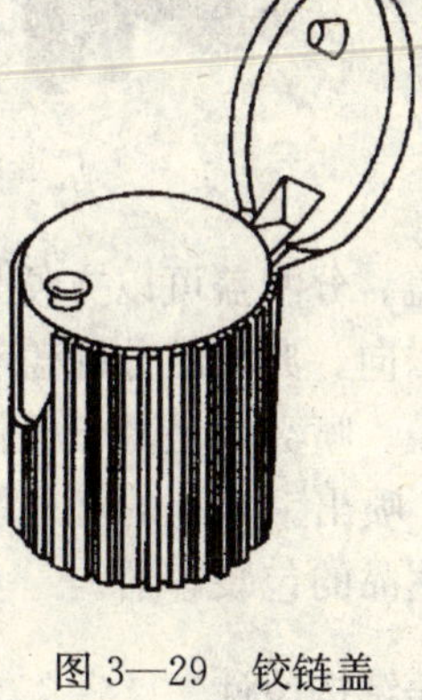

图 3—29　铰链盖

（3）肘节式转动盖。肘节式转动盖由具有螺旋盖结构的本体和肘式按盖组成，如图 3—30 所示。开启时，拇指按压，使肘式按盖倾斜一定的角度，继续按下，使之恢复水平位置，管口即被重新封闭。

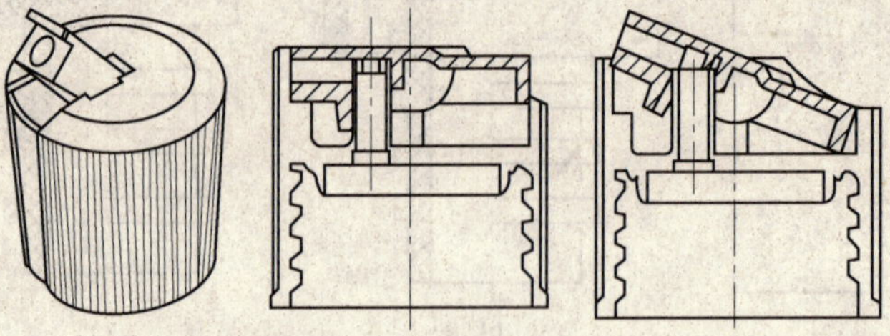

图 3—30　肘节式转动盖

a）外观　b）闭合状态　c）开启状态

2. 方便取用瓶盖

（1）控流盖。控流盖主要用来控制内转液体倾倒过程中的流量，这种瓶盖在白酒包装瓶中广泛应用。

（2）涂敷盖。涂敷盖可用于黏稠类液体的包装容器瓶，特别是在鞋油的包装中有极其广泛的应用，可以大大提高使用的方便性，如图 3—31 所示。

图 3—31　涂敷盖

（3）分配盖。分配盖可以方便地调节液体、粉末、片状、颗粒状内容物的倾倒方式、倾倒量或倾倒方向。典型的分配盖有味精的包装瓶瓶盖和小儿爽身粉包装瓶瓶盖。

（4）喷雾盖。喷雾盖是基于机械泵的工作原理，可使内容物以较细的雾珠（平均微粒直径约 60 μm）喷出。雾滴的直径取决于计量筒终端的喷射小孔的直径与形状。已被广泛用于家庭卫生用品的包装容器。

3.3.4　安全盖结构设计

1. 防盗盖（显窃启）

防盗盖随着科技的发展，各类新的防盗技术不断产生，这里主要介绍两种防盗盖。

（1）扭断式防盗盖。扭断式防盗盖有金属和塑料两种材料，普通密封与压力密封都可使用。

扭断式防盗盖外部形式如图 3—32 所示，塑料扭断盖内部结构如图 3—33 所示，防盗原理与金属防盗滚压盖基本相同。不同的是：盖裙部锁圈内设计有棘齿与瓶颈加强环上的棘齿相啮合，起到止动作用。当用力扭动瓶盖时，盖与锁圈的连接“桥”断开，锁圈留在瓶颈上。

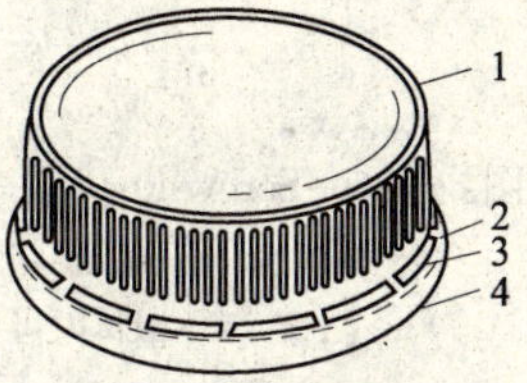

图 3—32　扭断式塑料防盗盖外部形式

1—瓶盖　2—桥点　3—棘齿　4—防盗环

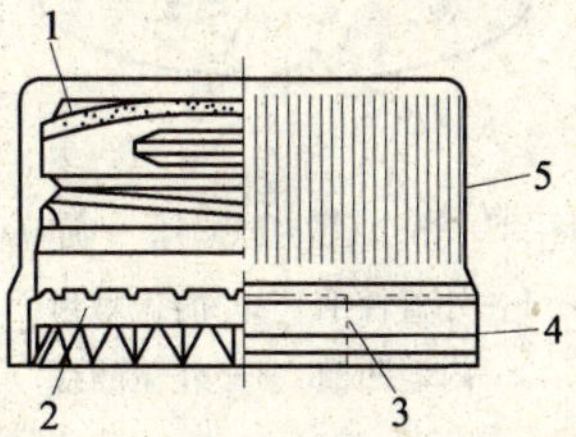

图 3—33　塑料扭断盖内部结构

1—内衬垫　2—扭断线

3—防盗环　4—棘齿　5—瓶盖

（2）撕拉箍防盗盖。撕拉箍防盗盖有一个可阻止盖转动或拔下的锁箍，要开启瓶盖，必须先撕去此锁箍。通常在锁箍的始端做出一个明显的撕拉舌，以便于消费者撕拉开启，如图 3—34 所示。

2. 儿童安全盖

设计儿童安全盖的目的是从包装结构上阻止 5 岁以下的儿童在某一段规定时间内打开包装物，以避免儿童因误服某些药物、家用化学品及化工产品而损害健康甚至危及生命的事故。使用儿童安全盖时，应该尽可能不妨碍老年人、智障人、肢残人等打开与使用该包装。

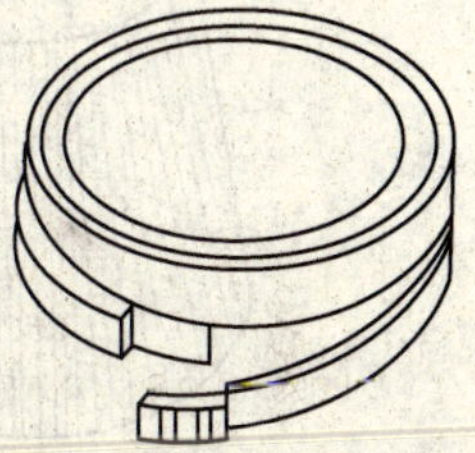

图 3—34　撕拉箍防盗盖

市场上比较有效的儿童安全瓶盖大致有以下几种形式。

（1）压—旋盖。压—旋盖开启时需用两个力（压力和扭力），即在用力下压的情况下旋转瓶盖。适合于标准玻璃瓶口的压—旋盖（名为 Clic-Loc）如图 3—35 所示。其开启原理是：用力下压外盖，外盖上的棘爪与内盖上的棘齿啮合，转动外盖，带动内盖同时旋转，内外盖就能一起被旋下。如按常规旋转瓶盖——即不加下压力，虽然外盖能转，内盖却不会转。此时外盖凸缘与内盖凹槽相互摩擦，发出“嗒、嗒”之声。瓶盖顶面标有“压和扭”及“方向”的文字。另一种为压—旋盖（名为 Screw-Loc），如图 3—36 所示，其瓶颈结构稍复杂，模塑成型。

（2）挤—旋盖。挤—旋盖由两个独立的内外盖组成，如图 3—37 所示。外盖为可自由转动的软塑罩盖，内盖为螺旋盖并与瓶口旋合封闭。当按照瓶盖上的指示方向用力挤压外盖裙部时，内外盖就会啮合为一体，于是，外盖带着内盖一起转动。

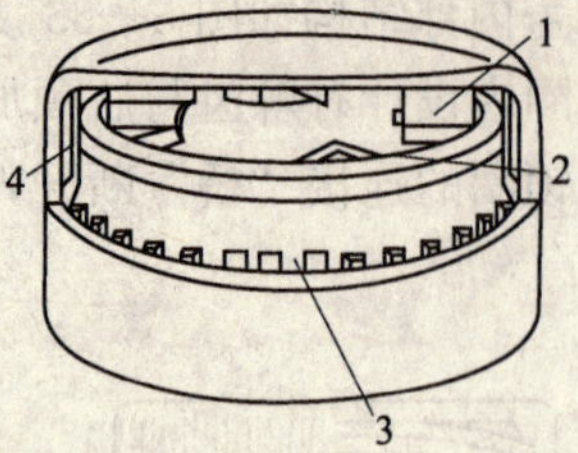

图 3—35　Clic-Loc 压—旋盖

1—外盖棘爪　2—内盖棘齿

3—内盖凹槽　4—外盖凸缘

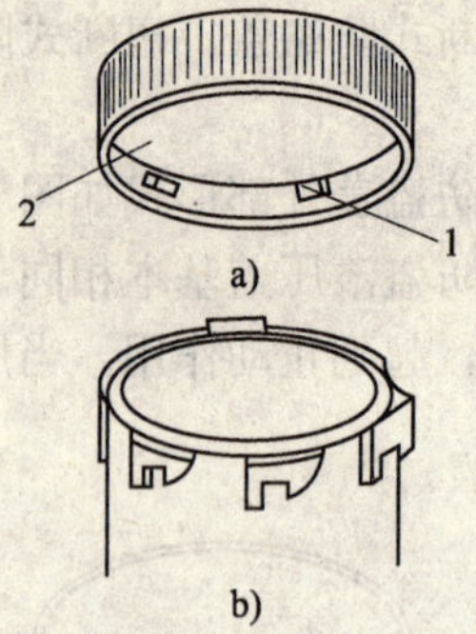

图 3—36　Screw-Loc 压—旋盖

a）盖　b）瓶颈

1—凸缘　2—塑料内衬

（3）暗码盖。整个瓶盖由上下两个相互联系的部件——上盖和盖座组成，如图 3—38 所示。只有当上下两部分的标志点对准后，上盖才能被撬开。瓶口盖座的阳螺纹有一小的间隙，用作上瓶盖套进瓶口盖座的契合点。上盖内的突出物正好卡在单螺纹下面，当上盖旋转时被锁合于瓶口盖座上。

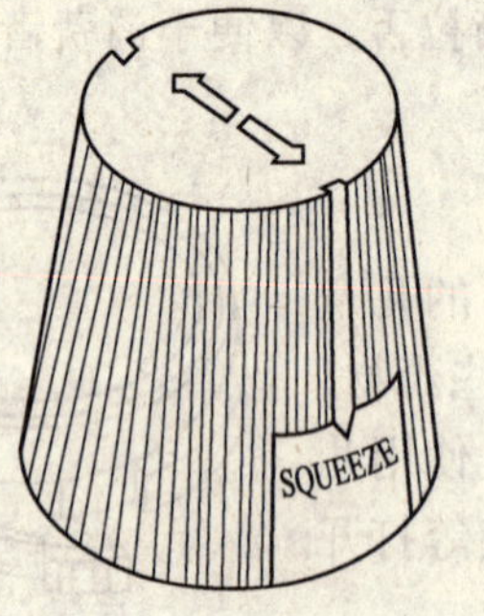

图 3—37　挤—旋盖

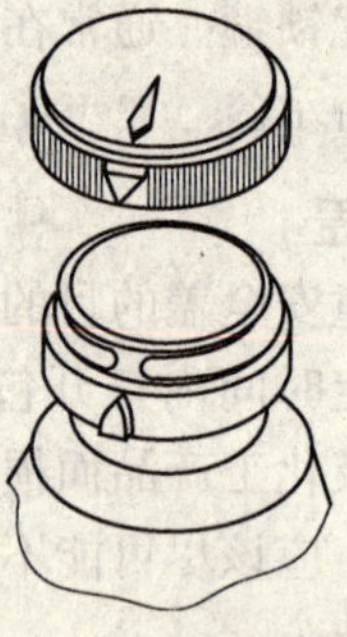

图 3—38　暗码盖

（4）压拔（掀）盖。压拔（掀）盖只有在向下压时才能松开瓶盖边缘的抓环，然后提拔开启，如图 3—39 所示，其特点是瓶盖裙部有一个弹簧锁，该弹簧位于竖直位置时难以开启（见图 3—39a），若将盖在图示位置向下按压，使弹簧锁压下，再向上掀盖，则容易打开。开启后盖仍留在瓶上（见图 3—39b）。

（5）工具开启盖。工具开启盖是借助自身部件来开启的安全盖，如图 3—40 所示。它由内外盖组成，外盖为搭扣盖，内盖为嵌入式瓶塞。外盖的搭扣带有横向凸缘，此凸缘正好与内盖顶端的模制匙孔相配合。开启时先取下外盖，然后用外盖凸缘插入瓶塞的匙孔中，稍用力即可拔出瓶塞。

利用硬币或插片开启的安全盖也由内外盖组成。内盖为螺旋盖，外盖活套于内盖外

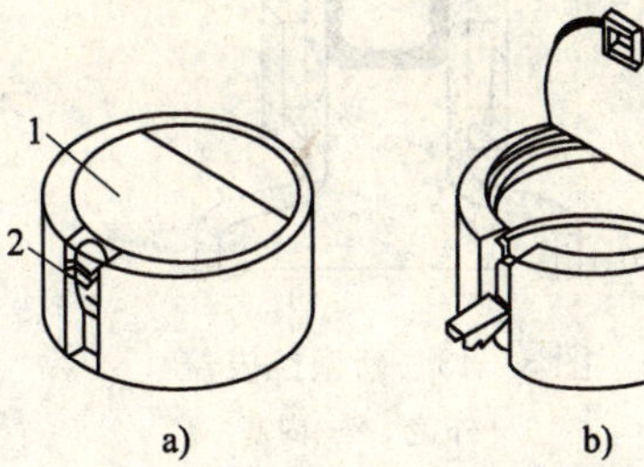

图 3—39　压—拔（掀）盖

a）闭合状态　b）开启状态

1—掀压位置　2—弹簧锁

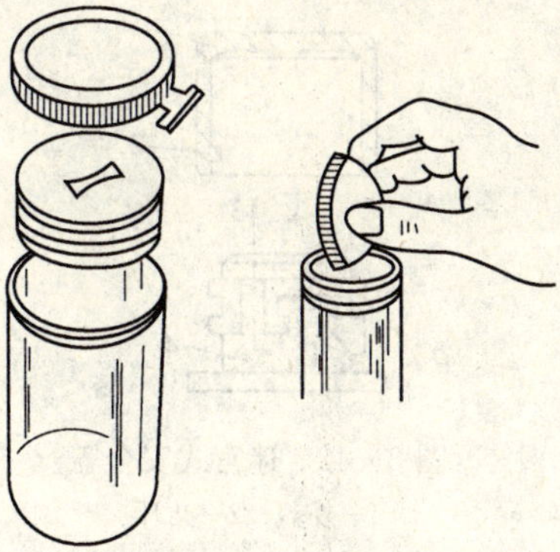

图 3—40　工具开启盖

面，可自由转动，但不会带动内盖。外盖直径方向开有一条长宽适当的槽口（穿透外盖厚度），内盖也有相同长宽的凹槽（不穿透内盖），当内外盖的槽口上下对齐时，用硬币或插片插入槽口，便可拧动螺旋内盖。当然，重新封闭也需要利用工具。

（6）锁扣式安全盖。其结构特点是通过一锁合凸片与搭扣凸片的组合使顶盖不能随便翻起。若要开盖，必须先推开盖顶上的锁合凸片才能开启铰链盖。此外，铰链盖内部与盖体相吻合，盖体上的倾倒管口正好被盖顶封闭。这是一种考虑儿童安全的倾倒盖，如图 3—41 所示。

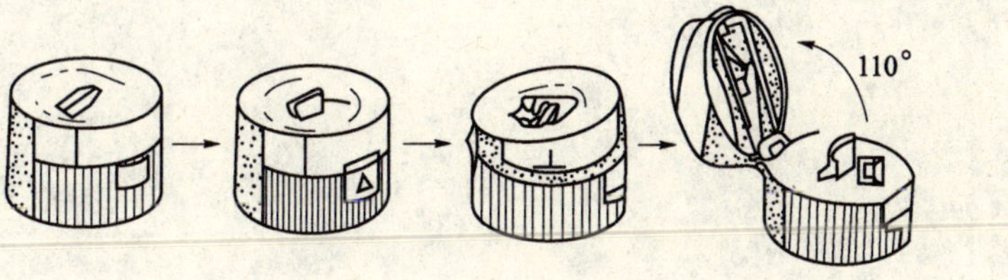

图 3—41　锁扣式安全盖

（7）迷宫式安全盖。迷宫式安全盖是一种依靠简单智力技巧开启的包装形式，其结构示意图如图 3—42 所示。在外盖的内壁有两个凸耳，瓶口内盖座的外围是迷宫式的曲线槽。它要求成年人能辨认标记与记住一系列动作，方能打开瓶盖。一般儿童显然做不好这一系列动作。迷宫式盖有单盖和双盖两种，双盖的迷宫在瓶体上，走通迷宫后外盖才能带动内盖一起松开或拧紧。迷宫式安全盖如图 3—42 所示，瓶盖只能沿箭头方向通过，而不能倒行。

（8）拉拔盖。新型拉拔盖如图 3—43 所示。要开启瓶盖必须同时满足两个条件。一是外盖下部的突舌要对准瓶颈凸缘的缺口；二是随后用力拉拔外盖使内塞退出瓶口。否则，难以打开瓶盖。

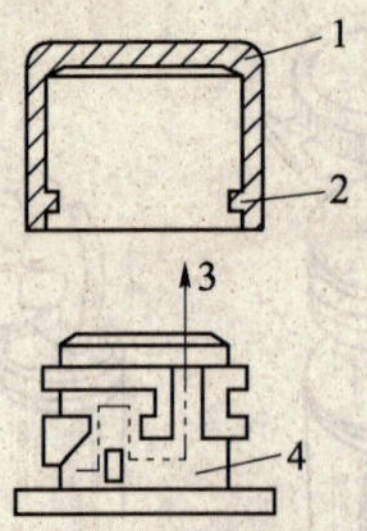

图 3—42　迷宫式安全盖

1—外盖　2—凸耳

3—开盖方向　4—内盖座

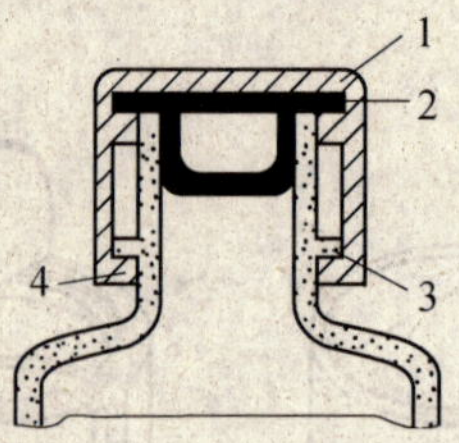

图 3—43　新型拉拔盖

1—外盖　2—内塞

3—瓶颈凸缘　4—外盖舌

单元测试题

1. 化妆品包装容器设计

设计某品牌化妆品的系列化塑料容器。请设计三款不同的容器造型，并注意选择合适的容器材料和成型方法以及瓶盖的封口结构。

2. 矿泉水包装容器设计

某品牌矿泉水塑料容器的设计。请设计一款容器造型，并考虑加强筋、圆角等多因素。

4

第 4 单元

计算机辅助包装设计

4.1　3ds Max 软件基本操作　/116
4.2　3ds Max 软件辅助包装设计综合应用实例　/124

4.1 3ds Max 软件基本操作

4.1.1 3ds Max 软件简介

3ds Max 是 Autodesk 公司开发的基于 PC 系统的三维动画渲染和制作软件。

在应用范围方面，3ds Max 广泛应用于广告、影视、工业设计、建筑设计、多媒体制作、游戏、辅助教学以及工程可视化等领域，如片头动画和视频游戏的制作等。国内发展得比较成熟的建筑效果图和建筑动画制作中，3ds Max 的使用率更是占据了绝对优势。根据不同行业的应用特点对 3ds Max 的掌握程度也有不同的要求，包装、广告、工业设计、建筑方面的应用相对来说局限性大一些，它只要求单帧的渲染效果和环境效果，只涉及比较简单的动画；片头动画和视频游戏应用中动画占的比例很大，特别是视频游戏对角色动画的要求高一些；影视特效方面的应用则把 3ds Max 的功能发挥到极致。

4.1.2 3ds Max 总界面介绍

3ds Max 界面分为菜单栏、工作视图、工具栏、命令面板、视图导航控制板、动画面板、辅助信息栏等几个部分，以下为它各部分的简介。

1. 菜单栏

菜单栏位于屏幕最上方，提供了命令选择。它的形状和 Windows 菜单相似。主菜单上共有 13 个菜单项，主要菜单项特点如下：

（1）文件（File）菜单。用于对文件的打开、存储、打印、输入和输出不同格式的其他三维存档格式，以及动画的摘要信息、参数变量等命令的应用。

（2）编辑（Edit）菜单。用于对对象的拷贝、删除、选定、临时保存等功能。

（3）工具（Tools）菜单。包括常用的各种制作工具。

（4）组（Group）菜单。将多个物体组为一个组，或分解一个组为多个物体。

（5）视图（Views）菜单。对视图进行操作，但对对象不起作用。

（6）渲染（Rendering）菜单。通过某种算法，体现场景的灯光、材质和贴图等效果。

（7）自定义（Customize）菜单。方便用户按照自己的爱好设置操作界面。3ds Max3.1 的工具条、菜单栏、命令面板都可以放在任意的位置，如果厌烦以前的工作界面，就可以定制一个保存起来，下次启动时就会自动加载。

（8）MAX Script（脚本）菜单。这与编程有关。将编好的程序放入 3ds Max 中来运行。

（9）帮助（Help）菜单。这个软件的帮助包括在线帮助、插件信息等。

将鼠标置于菜单栏上的菜单命令名称上并单击，即可弹出该命令的菜单。

打开某一个菜单后，只需在菜单栏上的各个菜单名称之间来回移动即可切换动其他菜单。

菜单栏上有些命令名称旁边有“...”号的，表示单击该名称可以弹出一个对话框。菜单上的命令名称最右方有一个小三角形，表示该命令后还有其他的命令，单击它，可以弹出一个新的子菜单。菜单上命令旁边的字母表示该菜单命令的快捷键。

2. 缺省界面与工作视图

(1) 缺省界面。3ds Max 的缺省界面如图 4—1 所示。在 3.0 以前的版本中，它的操作界面是不可以更改的，但在 3.0 以后，引入了 GUI 图形界面用户接口，可以随便更改它的操作界面，按 Ctrl＋X 键进入专家模式，只剩下工作窗口，方便大面积显示工作状态。再按下 Ctrl＋X 又恢复界面原形。按 Q 键，右边的命令面板被隐藏，再按 Q 键，命令面板又出现。

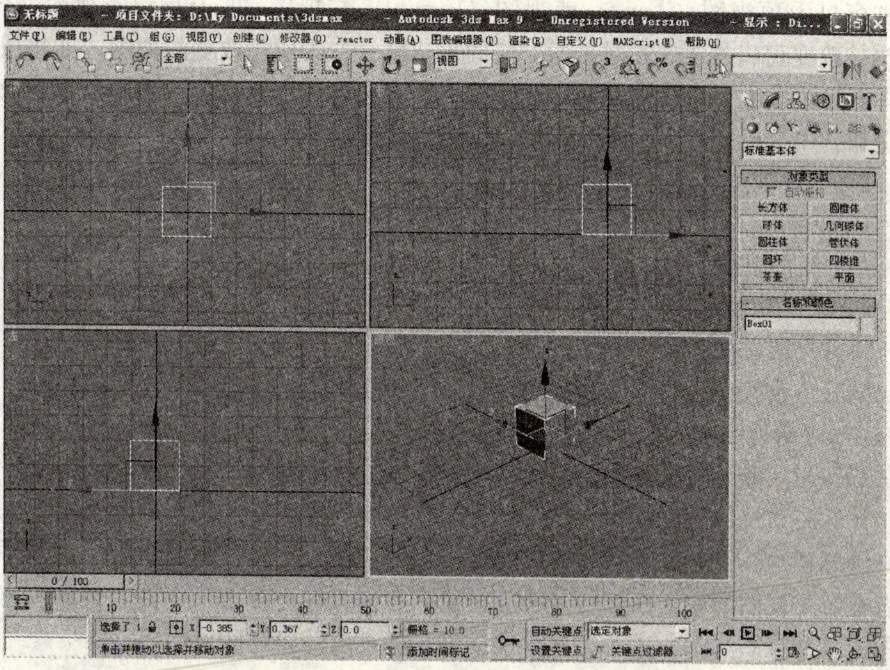

图 4—1　3ds Max 的缺省界面

3ds Max 的面板可以移动。将鼠标放在面板上面，出现一个拖动符号，就可以拖动该面板。右击面板顶部，可以将浮动的面板还原初始位置。

如果界面乱了，可以选择菜单栏上的“自定义”→“选择自定义界面”命令，在出现的选择框里选择 MAXStart. cui 文件，它是 3ds Max 的启动时的缺省界面，又回复了原始的界面。

用户界面的每个部分都有固定的名称，在标准的 3ds Max 教材和参考资料中，这些名称都是统一的。

（2）工作视图。3ds Max 用户界面的最大区域被分割成 4 个相等的矩形区域，称为视图（Views 或 Viewports）。视图是主要工作区域，每个视图的左上角都有一个标签，启动 3ds Max 后默认的四个视图的标签是顶视图（Top）、前视图（Front）、左视图（Left）和透视图（Perspective）。

每个视图都包含垂直和水平线，这些线组成了 3ds Max 的主栅格。主栅格包含黑色垂直线和黑色水平线，这两条线在三维空间的中心相交，交点的坐标是 X=0，Y=0 和 Z=0。其余栅格都为灰色显示。

顶视图、前视图和左视图显示的场景没有透视效果，这就意味着在这些视图中同一方向的栅格线总是平行的，不能相交。透视图类似于人的眼睛和摄像机观察时看到的效果，视图中的栅格线是可以相交的。

缺省窗口为顶视图（Top）、前视图（Front）、左视图（Left）和透视图（Perspective）。当按改变窗口的快捷钮时，所对应的窗口就会变为所想改变的视图，如将鼠标激活一个视图窗口，按下 B 键，这个视图就变为底视图，就可以观察物体的底面。下面是各视图的快捷钮。用鼠标对着一个视图窗口，按以下快捷键即可切换视图：

T—Top（顶视图）。

B—Bottom（底视图）。

L—Left（左视图）。

R—Right（右视图）。

U—User（用户视图）。

F—Front（前视图）。

B—Back（后视图）。

C—Camera（摄像机视图）。

Shift+ $—灯光视图。

W—满屏视图。

或者在每个视图的左上面那行英文上按鼠标右键，将会弹出一个命令栏，也可以更改它的视图方式和视图显示方式等。记住快捷键是提高效益很好的方法。

3. 工具栏

（1）——帮助图标，按一下它，再按一下工作窗口，相关的帮助就会出现。

（2）——左边按钮为撤销上次操作，右边按钮为恢复上次操作。

（3）——左边按钮为选择对象，使之和其他对象链接，建立父子关系，右边按钮为撤销链接。

（4）——结合到空间扭曲，使物体产生空间扭曲效果。

（5）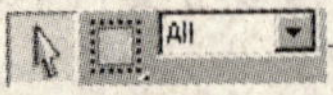

——选择对象组按钮。第一个图标单击选择物体。第二个单击选择矩形区域，它下面有个小三角形，用鼠标按住它后，还有椭圆和自由边选择框两种。第三个图标是选择过滤器。

(6) ——第一个按钮为根据名字选择物体，第二个按钮是选择并移动物体，第三个按钮是选择并旋转物体，第四个按钮是选择并缩放物体。它下面还有两个缩放工具，一个是正比例缩放，另一个是非比例缩放，按定小三角一秒就可以看到这两个缩放的图标。

(7) ——使用物体轴心点作为变换中心，它也还有两个选择，一个是使用选择轴心，另一个是使用选用转换坐标轴心。也是单击它后可以见到另两个轴心变换图标。

(8) ——按下 X 就是说物体只能在 X 轴移动或变换，按下 Y 就是只能在 Y 轴进行操作，按下 Z 就是只能在 Z 轴操作。

(9) ——选择它之后物体可以在 XY 轴进行移动和操作，它下面也还有几个选择。

(10) ——反向动力开关。用来打开或关闭反向动力学。

(11) ——第一个图标按钮是对当前选择的物体进行镜像操作，第二个是对当前选择的物体进行环形阵列操作，第三个是对齐当前的对象。

(12) ——第一个是打开轨迹视窗，第二个是打开关联物体的子父关系。

(13) ——第一个是材质编辑器，打开后就会弹出一个材质编辑窗，从而对物体的材质进行贴图处理；第二个是渲染场景，打开后弹出一个渲染窗，在那儿设置动画的输出时间、输出动画大小、图质等；第三个是快速渲染，做好动画之后想看下后果，就按它看一下；第四个是选择渲染的条件；第五个是接上次渲染。

4. 命令面板

作为 3ds Max 的核心部分，命令面板（见图 4—2）包括场景中建模和编辑物体的常用工具及命令。命令面板上共有 6 个图标按钮，就是最上层那 6 个，如图 4—3 所示。用鼠标将每个图标单击一下，在下面就会出现不同的卷展栏。卷展栏也是命令面板的一部分。

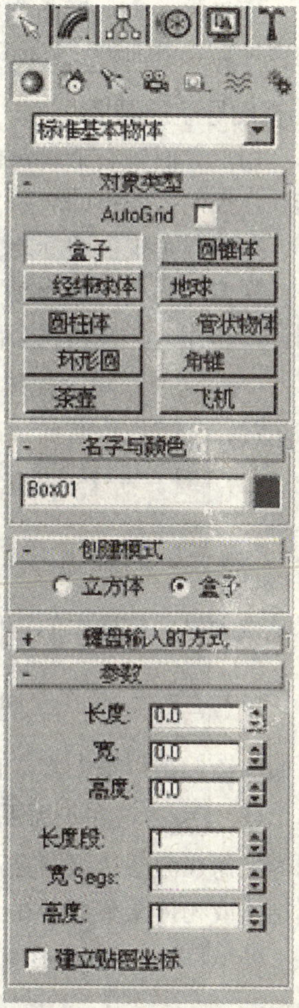

图 4—2　命令面板

(1) 第 1 个是创建（Create），用于创建基本的物体，打开时，下面就会出现一排共七个子图标。

图 4—3　命令面板中的 6 个图标按钮

(2) 第 2 个是修改 (Modify)，它是用于修改和编辑被选择的物体。

(3) 第 3 个是层级 (Hierarchy)，用来控制有关物体的层次连接。

(4) 第 4 个是运动 (Motion)，它是用来控制动画的变换，如位移、缩放、轨迹等运动的状态。

(5) 第 5 个是显示 (Display)，作用于控制并影响物体在视图中的显示状态，比如隐藏物体或恢复被隐藏的物体。它在画太多物体的时候而将一些物体隐藏起来，对工作帮助很大。

(6) 第 6 个是嵌入程序 (Utilitiew)。它包含常规实用程序和插入实用程序，也包括动力计算等方面的程序。

5. 视图导航控制板

用户界面的右下角包含视图的导航控制按钮。使用这个区域的按钮可以调整各种缩放选项，控制视图中的对象显示，如图 4—4 所示。

熟悉各个视窗图标的工作，对设计制作的帮助很大。

视窗图标有三个图标下有小三角形，说明这个图标下还有子图标，只要按住几秒就会出现。

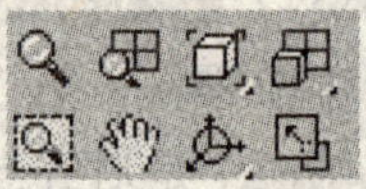

图 4—4　视图导航控制

(1) ——单击该图标后，在四个窗口中任意一个，按住鼠标不放，上下拖拉鼠标，视窗中的场景就会被拉近或推远。它只能影响一个视窗。

(2) ——这个功能同上面的一样，但它同时影响四个视窗。

(3) ——单击上面这个图标是当前激活视窗以最大的方式显示物体，而下面的图标是最大显示被选中的物体。它只能影响一个视窗。

(4) ——单击上面的图标是四个视窗的所有物体以最大的方式全部显示出来。而下面的图标是以最大方式在四个视窗中显示被选中的物体。

(5) ——在正面视窗中出现，比如现在激活的是左视图、底视图、前视图、顶视图等，而在激活透视图是不会看到这个图标的，它的功能是，在所有正面视窗内用鼠标框选物体或物体某一部分在该视窗以最大的方式显示出来。

(6) ——单击该图标，就会在视窗内出现一个小手，任意拖动，可以移动视窗内的场景。

（7）——单击最上面那个在视窗内就会出现一个绿圈，有四个顶点，主要用于透视图的角度调节，很常用，但用在其他视窗内，就会变为用户视图。中间的叫弧形旋转所选物体，最下面的叫弧形旋转子目标。

（8）——单击该命令，当前的视窗就会满屏显示，再单击它，就会回复正常，也是很常用的一个图标。键盘上的快捷键是“W”。

（9）——这个图标只在透视窗和摄影视窗出现，单击该命令，在透视图内上下拖动，场景中的视角和视景会发生变化。

6. 时间控制按钮和状态栏

视图导航控制按钮的左边是时间控制按钮，也被称为动画控制按钮，如图 4—5 所示。它们的功能和外形类似于媒体播放机里的按钮。单击按钮，可以用来播放动画，单击或按钮每次前进或者后退一帧。在设置动画时，按下 Auto 按钮，它将变红，表明处于动画记录模式。这意味着在当前帧进行的任何修改操作将被记录成动画。

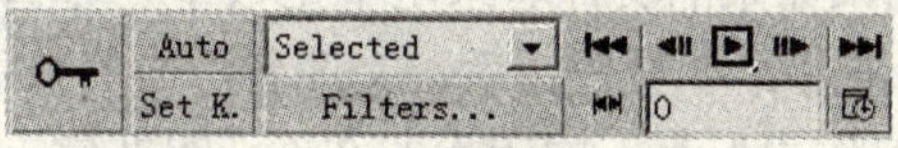

图 4—5　动画控制按钮

时间控制按钮的左边是状态栏和提示行，如图 4—6 所示。状态栏有许多用于帮助用户创建和处理对象的参数显示区，根据上面的数据和变化关系就可以理解了。

图 4—6　状态栏和提示行

4.1.3　打开文件和保存文件

1. 打开（Open）文件

在 3ds Max 中，一次只能打开一个场景。打开和保存文件是所有 Windows 应用程序的基本命令。这两个命令在菜单栏的文件菜单中。

在 3ds Max 中打开文件是一件非常简单的操作，只要从菜单栏中选取“文件”→“打开”即可。发出该命令后就出现“Open File”对话框，利用这个对话框可以找到要打开的文件，如图 4—7 所示。在 3ds Max 中，只能打开扩展名为 max 的文件。

2. 保存（Save）文件

在 3ds Max 中保存文件也是一件简单的事情。对于新创建的场景来讲，只需要从菜单

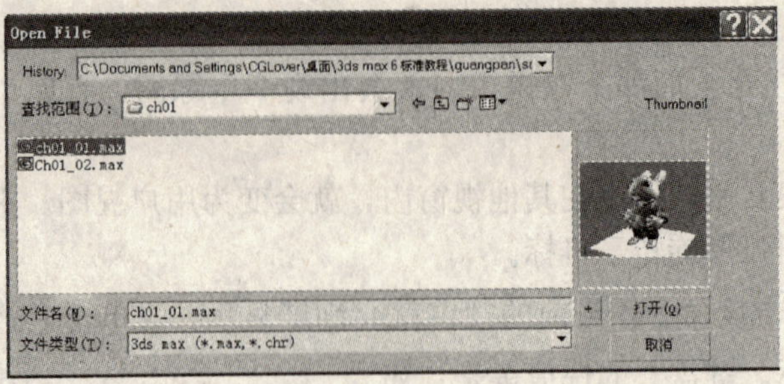

图 4—7　打开文件菜单

栏中选取“文件”→“保存”即可保存文件。发出该命令后，就出现保存对话框，在这个对话框中找到文件即将保存的文件夹即可。在“文件”菜单栏上还有一个命令是“另存为”，它可以以一个新的文件名保存场景文件。

当在 3ds Max 的菜单栏上选取“文件”→“保存”后，就出现保存文件对话框。

这个对话框有一个独特的功能，它体现在靠近“保存（S）”按钮旁边的“＋”号按钮。当单击该按钮后，文件自动使用一个新的名字保存。如果原来的文件名末尾是数字，那么该数字自动增加 1。如果原来的文件名末尾不是数字，那么新文件名在原来文件名后面增加数字“01”，再次单击“＋”号按钮后，文件名后面的数字自动增加成“02”，然后是“03”等。这使用户在工作中保存不同版本的文件变得非常方便，如图 4—8 所示。

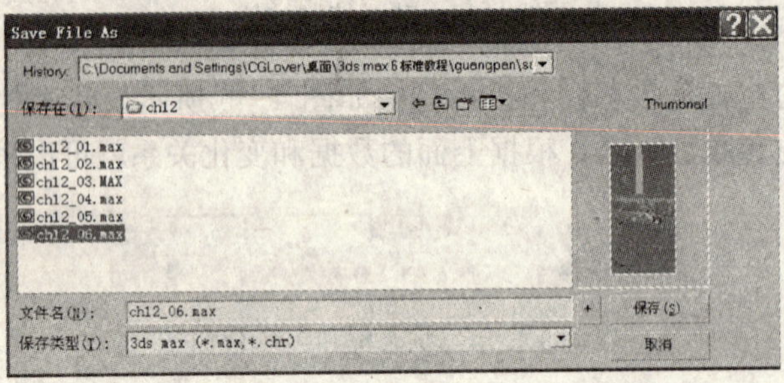

图 4—8　保存文件菜单

3. 保存场景（Holding）和恢复保存的场景（Fetching）

除了使用“保存”命令保存文件外，还可以在菜单栏中选取“编辑”→“暂存”将文件临时保存在磁盘上。临时保存完成后，就可以继续使用原来场景工作或者装载一个新场景。要恢复使用“暂存”命令保存的场景，可以从菜单栏中选取“编辑”→“取回”。这样将使用保存的场景取代当前的场景。使用“暂存”命令只能保存一个场景，如图 4—9 所示。

“暂存”命令的键盘快捷键是 Alt＋Ctrl＋H，“取回”命令的快捷键是 Alt＋Ctrl＋F。

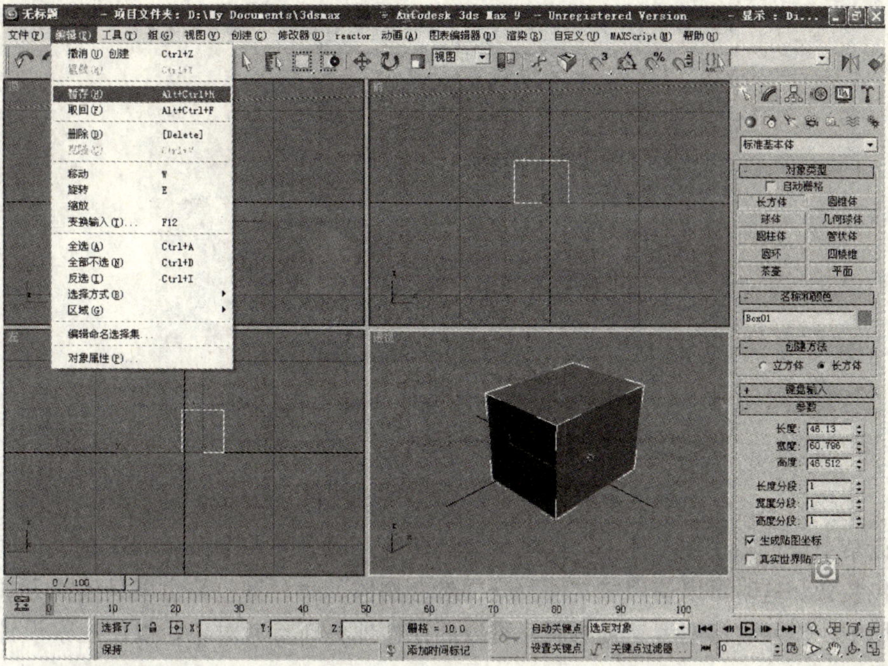

图 4—9 暂存文件菜单

4. 合并（Merge）文件

合并文件允许用户从另外一个场景文件中选择一个或者多个对象，然后将选择的对象放置到当前的场景中。例如，用户可能正在使用一个室内场景工作，而另外一个没有打开的文件中有许多制作好的家具。如果希望将包装盒放置到当前的某个桌面场景中，那么可以使用“文件”→“合并”将包装盒合并到桌面场景中。该命令只能合并 max 格式的文件。

在菜单栏上选取“文件”→“合并”出现合并文件对话框。选取一个 max 文件，单击“打开（O）”按钮，出现合并文件对话框，这个对话框中显示了可以合并对象的列表，可以单击对象列表下面的“All”按钮，然后再单击“OK”按钮，该文件中的所有东西就被合并到当前的场景中了，如图 4—10 所示。

保持合并进来的对象原来的大小以及在世界坐标系中的位置不变。有时必须移动或者缩放合并进来的文件，以便适应当前场景的比例。

5. 外部参考对象和场景（Xref）

3ds Max 支持一个小组通过网络使用一个场景文件工作。通过使用“参考”可以实现该工作流程。在菜单栏上与外部参考有关的命令有两个，它们是“文件”→“参考物体”和“文件”→“参考场景”。

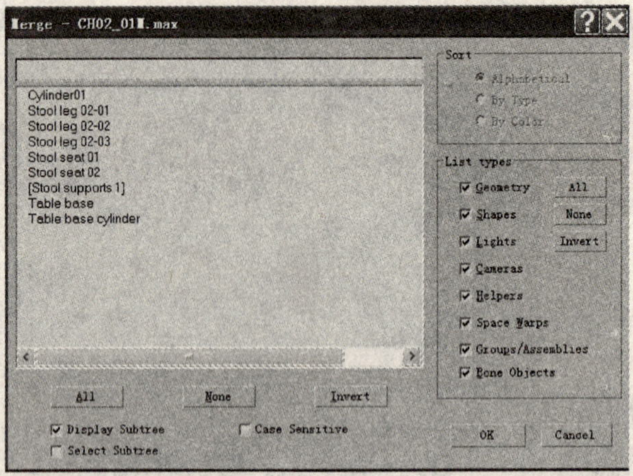

图 4—10　合并文件菜单

假设某个设计师正在设计一个商场场景的环境，而另外一个设计师正在设计同一个场景中的包装盒。这时可以使用“文件”→“参考物体”命令将包装盒以只读的方式打开到商场环境中，以便观察两者是否协调。可以周期性地更新参考对象，以便观察设计工作的最新进展。

4.2　3ds Max 软件辅助包装设计综合应用实例

4.2.1　开椭圆窗口的包装盒制作

包装盒是最简单的设计制作实例，也是包装设计中最常见的工作项目。本实例就是选择这类工作中的一个较难案例，开透视窗口的方盒子，进行建模、材质、灯光和渲染的设置，最终得到一张成品效果图。

考虑到教材的通用性，所选图片均为 Windows 操作系统自带的示例图片，以确保学员在任何一台 Windows 操作系统的计算机中都可以参照练习，方便学员学习，但因此也影响最终渲染效果图的实例仿真度。

步骤 1：创建长方体。

简单包装盒的建模可以直接利用命令面板上的“标准基本体”→“长方体”命令来创建，然后可以在下方的“参数”中设置“长度”“宽度”“高度”数值。设置好以后就完成建模工作了，如图 4—11 所示。

步骤 2：为对象指定子材质。

虽然建模简单，但是材质设置要认真地工作一番。

该软件的材质设置方法是通过一个材质编辑器（Material Editor）工具进行设置，并且通过最后的渲染把它们表现出来，使物体表面显示出不同的质地、色彩和纹理。材质在

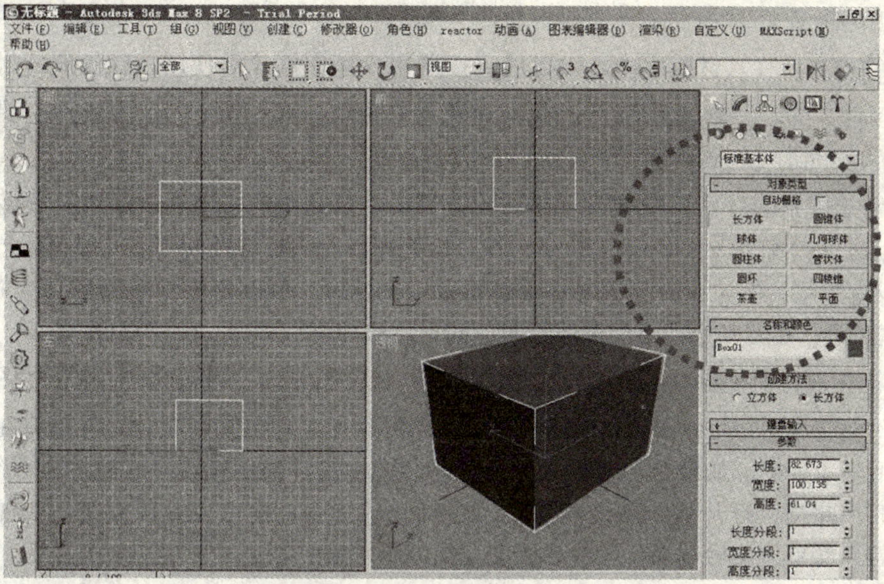

图 4—11　创建长方体

三维模型创建过程中是至关重要的一环。该工具在图中为含有多个灰色示例球的面板。每一个示例球代表一种材质，可以分别设置和指定给场景中的物体。围绕在示例球的周围有一系列小图标工具，可以完成很多至关重要的操作。

• 从“材质/贴图浏览器”中选择一种贴图或材质。通常是读取材质库里的已有材质时才使用。如果读取的是平面图（如背景贴图等），那么原来的小球样本将被平面图显示方式取代。

• 把材质赋给场景。一般在材质更新时使用，需要满足特殊条件时才能被激活。使用场合很少，不容易理解，可以被其他功能替代。

• 把材质赋给选中的物体。只有当场景中有物体被选中时才会激活该按钮。如果要把当前材质赋给你希望赋给的物体，只需先选中指定物体，然后再单击此按钮即可。使用非常频繁。其实也可以把所需的材质直接从样本框拖给场景中希望赋给的物体即可，有时还更方便。

• 重新设置贴图/材质到缺省（默认）状态。用来“回收”已经废弃的材质样本空间。如果是贴图，将恢复贴图原来参数（而不是默认的样本小球）；如果是材质，将把样本颜色设置到灰色，其他参数采用默认值。

• 进行材质复制。这是一个非常有趣的功能。先把材质赋给一个物体，然后只要单击这个按钮，该物体的材质就会复制到这个材质样本上（这时原来激活的材质样本就不再处于激活状态）。可以再给这个材质改个名字后赋给其他物体。用该按钮可以使材质编辑器突破编辑最多 24 个材质的限制。

• 把材质存入材质库中，供以后直接调用或稍作修改后使用。有价值的材质请及时保存（请为其起个恰当的名字）。从而避免重复劳动。3ds Max 的学习者对它要加以重视，并养成习惯。

• 给编辑的材质选择一个效果通道。单击该按钮不放，就可以出来几排数字（标号），共 16 个。配合 VP（Video Post）视频后处理里发光等特效使用。一般材质特效通道为 0，没有效果。例如，对所做的材质需要做发光处理，可以为该材质选择一个 Material ID（材质号），在发光处理对话框选择对应的材质号即可。

• 在视窗中显示贴图，仅对二维图有效（如位图、渐变色等），对程序贴图等无效（如噪声 Noise 贴图等）。在视窗中即时显示贴图可以使工作更加可视化，但是将在一定程度上降低显示速度。如果显示卡不太专业，还会产生纹理显示错误。有时为了观察方便，可以暂时把此按钮打开。如果显卡专业，CPU 比较强劲，建议打开该按钮，在视窗中就可以观察到简单渲染后效果，充分享受交互式编辑带来的乐趣。

• 显示材质最终结果。如果按钮被激活，则可以看到材质最后效果，如果被关闭，只显示当前效果。有时为了充分观察当前贴图级别而需要关闭该按钮。

• 回到父一级。如果处于某种材质的次级别编辑状态中，例如，贴图中还可能有贴图，那么在子贴图界面下该按钮就是可用的。如果因为进入层次太深而找不到出路的话，单击该按钮就可以返回到上一个级别当中。相当于“后退”，使用很频繁。

• 单击该按钮，将进入同层次其他贴图的编辑界面。如果做的材质既有漫反射贴图（Diffuse Map），又有凹凸贴图（Bump Map），还有反射贴图（Reflection Map），在编辑完漫反射贴图后，单击该按钮就可以转到凹凸贴图编辑层次，再次单击该按钮，就可以进入编辑反射贴图层次。这样可以起到简化操作的作用。

• 单击该按钮就可以弹出材质/贴图导航窗口。可以迅速看清当前材质的层次脉络。编辑多层贴图时很方便。

对于普通的物体，一个材质球代表一个材质，可以赋予物体并渲染出近似真实的效果图。但是一个普通的示例球仅能装载一个贴图，没有办法给包装盒不同侧面以不同的图案。所以，要用到一个高级的材质类型“多维/子对象”。

“多维/子对象”材质只是包含其他材质的一个容器。它使用子对象层级进行工作，将不同的子材质指定给模型的不同子对象。它相当于包含多个普通材质球的一个材质家族。

使用方法是打开材质编辑器，单击标准“Standard”按钮，在弹出的“材质/贴图浏览器”中选择“多维/子对象”，并使用工具把材质赋给选中的长方体，如图 4—12 所示。

为对象指定子材质的过程分为两步：为“面”子对象物体指定材质 ID 值（相当于材

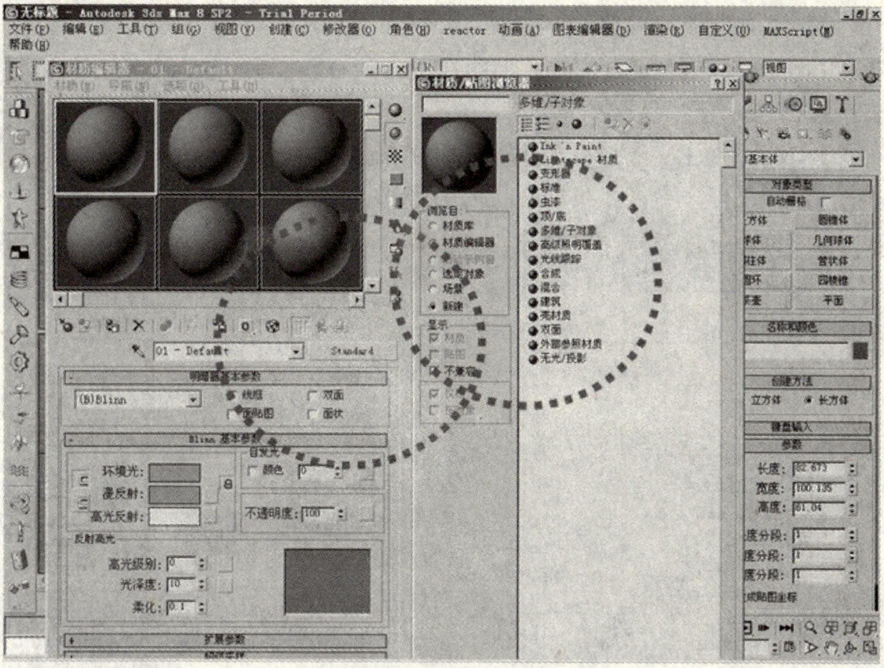

图 4—12　材质编辑器设置

质的地址），使包含在多维/子对象材质中的材质与面上的 ID 值相匹配。可以按任意顺序执行以上两步。

对于长方体来说，3ds Max 已经为它分别指定了默认的六个面 ID，所以无须手动指定。

步骤 3：设置多维/子对象材质。

如图 4—13 所示，将标准改为多维/子对象后，面板立刻变为含有十个栏目的复合面板，每一个横条栏目相当于一个标准的实例球。

单击第一个示例栏最右边的灰色小方块，将其颜色改成粉红色。可以发现主程序场景中立方体的顶部变成了粉红色，就说明该材质和立方体已经建立了联系，并且已经把立方体的顶面设置成了粉红色。

接下来单击第三个和第五个示例栏重复刚才的步骤，就把场景中的立方体面对摄像机的三个面赋予了不同的颜色。

步骤 4：选择"位图"子材质。

单击第一个示例栏中的长条，面板进入子材质状态。在窗口变为普通的示例球时，打开下方"贴图"的长条栏目，进入到贴图设置面板。

该面板含有一系列栏目，分别为材质的不同通道。单击"漫反射颜色"栏目，在弹出的"材质/贴图浏览器"中选择"位图"，如图 4—14 所示。

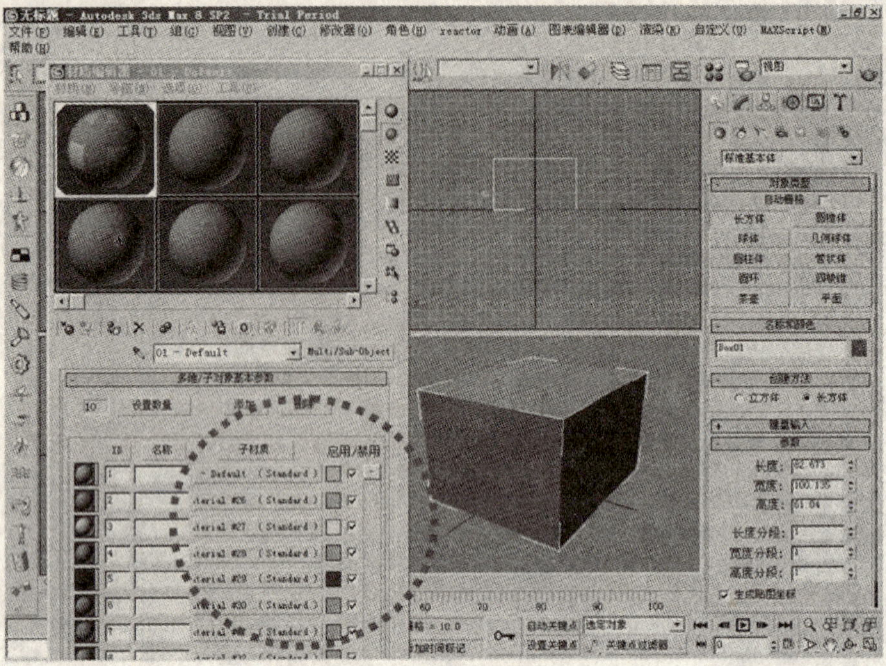

图 4—13　设置长方体的多维/子对象

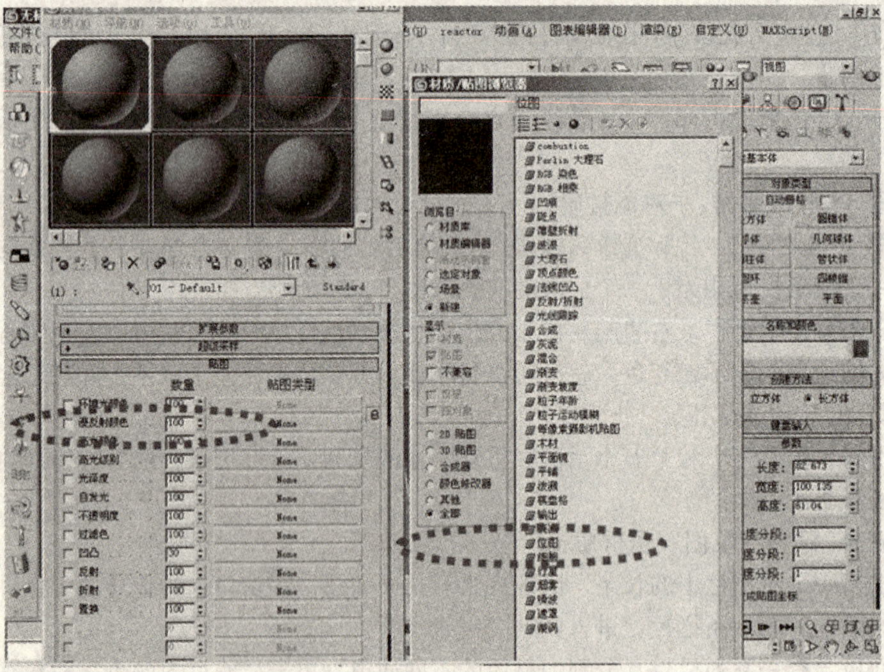

图 4—14　选择“位图”子材质

步骤 5：选择位图贴图。

在接下来的弹出面板中选择一张位图图片，单击确定即可，如图 4—15 所示。

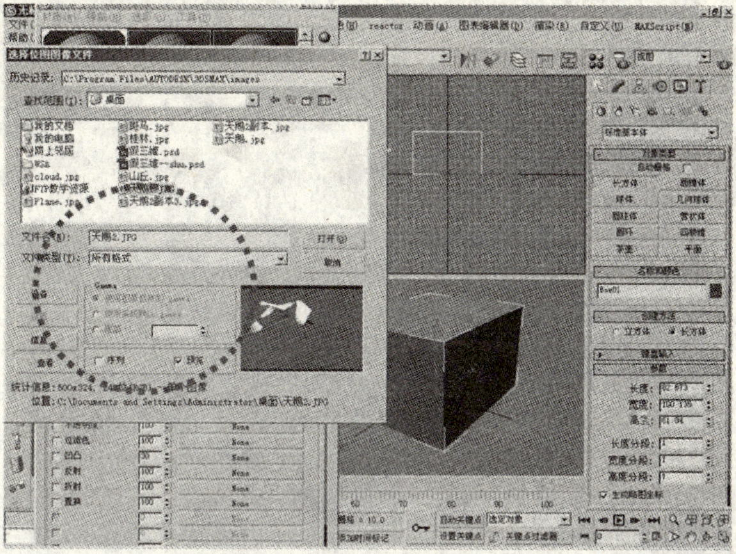

图 4—15　选择位图贴图

步骤 6：在视窗中显示贴图。

单击材质编辑器中的按钮在视窗中显示贴图，就可以看到透视图中长方体的顶面已经变成所选择的图片，如图 4—16 所示。

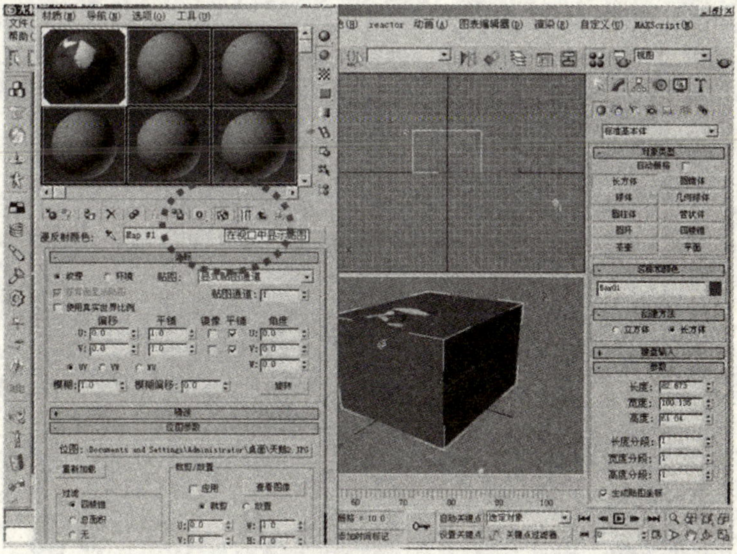

图 4—16　在视窗中显示贴图

步骤 7：调整位图贴图角度。

在面板中的“坐标”栏中有一个“角度”选项，下面有 UVW 三个方向参数，在其中的“W”项用键盘输入 90，可以看到透视图中长方体顶部的图片旋转了 90°，说明这个选项可以调整图片与模型的位置对应关系，如图 4—17 所示。

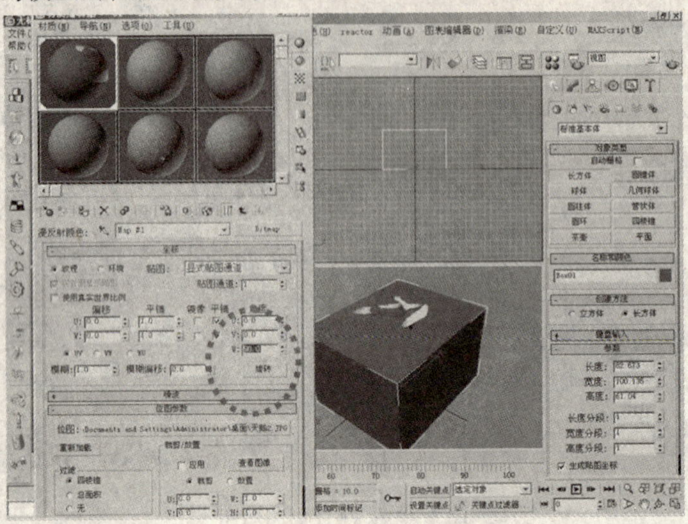

图 4—17　调整位图贴图角度

步骤 8：回到多维/子对象的父一级。

单击按钮，回到父一级，从当前的位图层级回到子对象的贴图层级，再次单击按钮，回到父一级，如图 4—18 所示。

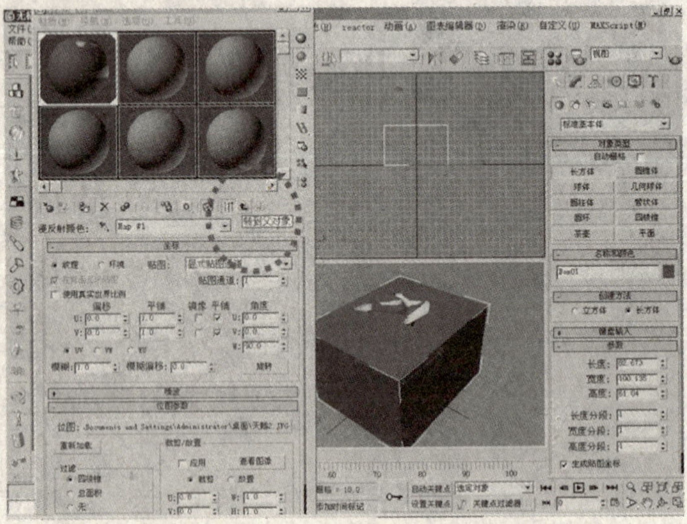

图 4—18　回到多维/子对象的父一级

步骤 9：盒子的三个面贴图设置。

回到最上层的多维/子对象层级后，对第三和第五个子对象进行同样的操作，完成后长方体就成为三个面有不同贴图的盒子，如图 4—19 所示。

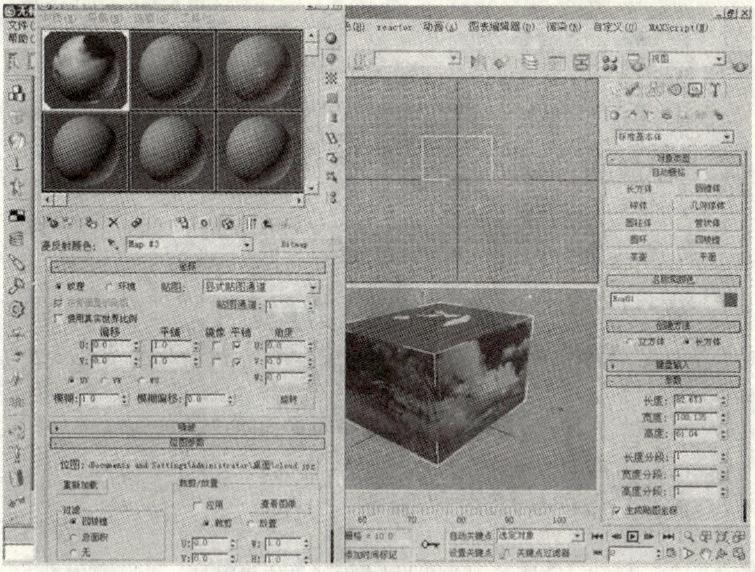

图 4—19　盒子三个面的贴图设置

步骤 10：建立衬托的桌面背景。

再次单击“创建”→“长方体”，并在顶视图中把物体缩小后创建一个巨大的扁长方体作为桌面背景，其大小为能够遮住所有透视图的背景空间即可，如图 4—20 所示。

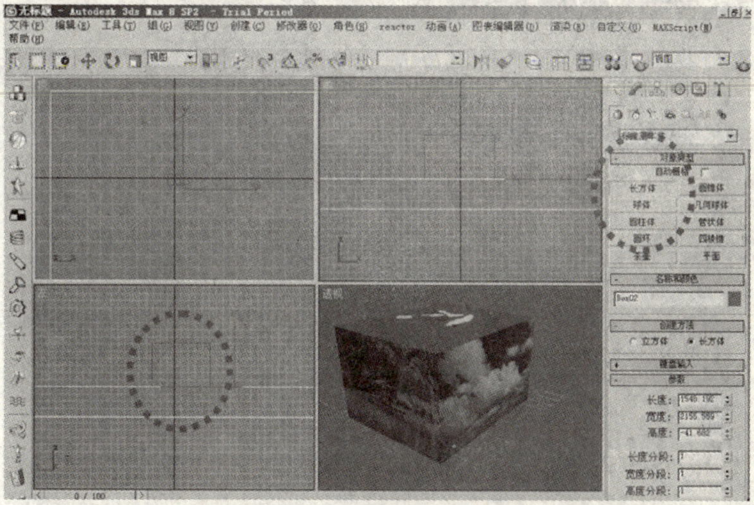

图 4—20　建立衬托的桌面背景

步骤 11：设置桌面背景的材质。

另选一个空白材质球，将其“漫反射”栏目的灰色色块改为一个含颜色倾向的灰色作为桌面背景，如图 4—21 所示。

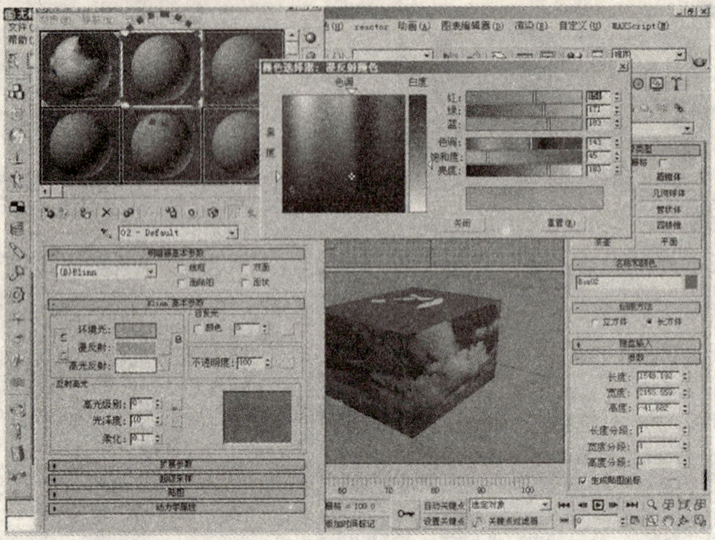

图 4—21　设置桌面背景的材质

步骤 12：设置桌面背景的反射。

把该材质的“贴图”栏展开，在“反射”一项单击，选择“光线跟踪”类型，并将其值改为 30，这样就得到了一个反射值较低的类似镜面的桌面，如图 4—22 所示。

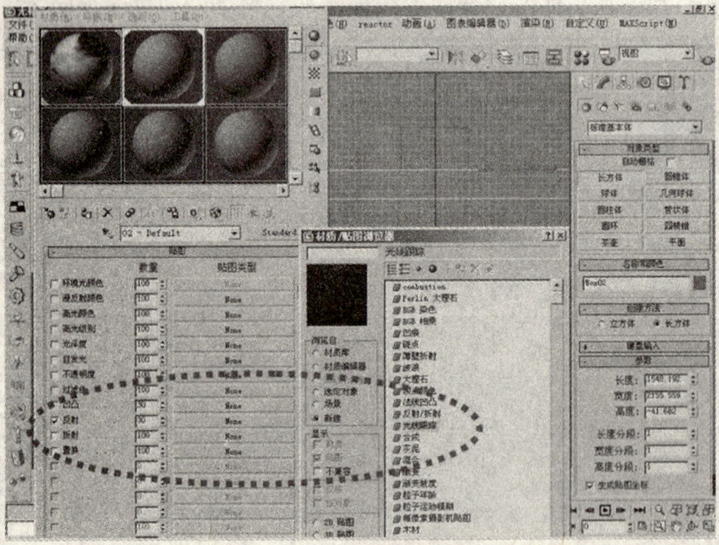

图 4—22　设置桌面背景的反射

步骤 13：设置天光。

如果直接对场景进行简单的渲染，会发现在 3ds Max 默认的灯光下画面没有阴影，而且看上去很平，没有立体感，就像是直接贴到背景上一样。所以要用到灯光的设置。

由于灯光的设置要涉及很多项目，初学者颇为头痛。所以本实例选择了业界戏称为“懒人灯光”的“天光”，它可以模拟出天空的光照效果，在物体下放留下一个淡淡的、边缘柔和的阴影，具有真实的效果，且方便使用。

在“创建”面板上，单击“灯光”按钮。“标准”是灯光类型的默认选择。在“对象类型”卷展栏中，单击“天光”。单击顶视图即可创建一个天光。天光的位置与对象的距离没有效果。“天光”对象是一个简单的辅助对象。天光总是发自“空中”，如图 4—23 所示。

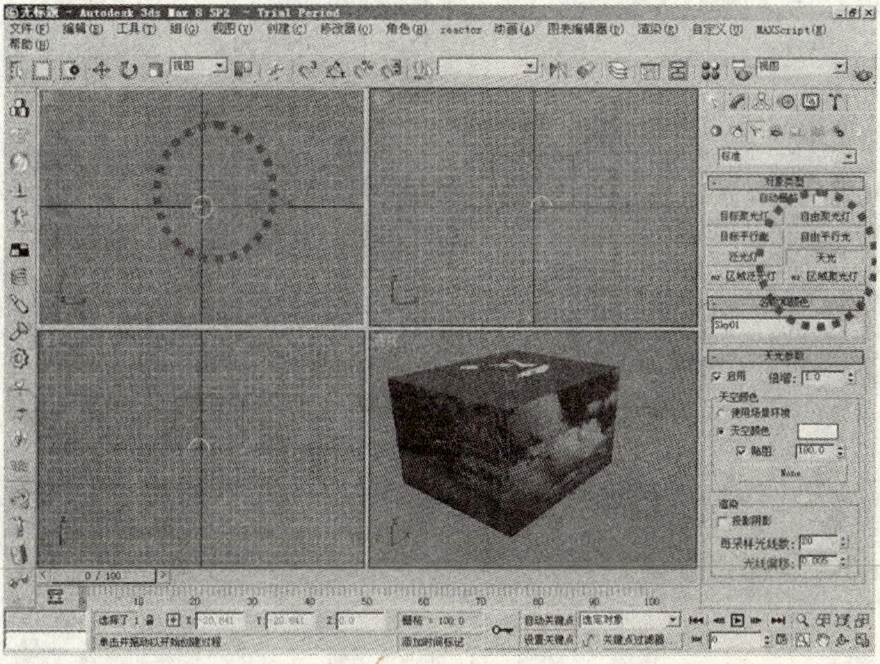

图 4—23　设置天光

步骤 14：更改渲染器。

创建好天光后如果立刻渲染，会发现仍然没有阴影，是因为 3ds Max 的默认渲染器需要有较复杂的设置才能体现出天光的优越性，可以切换为 mentalray 渲染器进行渲染，更加易用且质量更好。

来自 mentalimages® 的 mentalray® 渲染器是一种通用渲染器，是非常著名的外挂渲染插件。它可以生成灯光效果的物理校正模拟，包括光线跟踪反射和折射、焦散和全局照明。与默认 3ds Max 扫描线渲染器相比，mentalray 渲染器不用手工或通过生成光能传递解决方案来模拟复杂的照明效果。mentalray 渲染器为使用多处理器进行了优化，并为动画的高效渲染而利用增量变化。

选择“渲染”→“渲染”命令，将显示“渲染场景”对话框。在“公用”面板上，打开“指定渲染器”卷展栏，然后单击“产品级”后面的“...”按钮。显示“选择渲染器”对话框。在“选择渲染器”对话框上，单击以选择 mentalray 渲染器，然后单击“确定”。提示：在将 mentalray 渲染器作为活动产品级渲染器后，可以单击“保存为默认设置”以使得 mentalray 渲染器作为所有新场景的默认渲染器。这种方法可以方便地避免额外的设置时间，如图 4—24 所示。

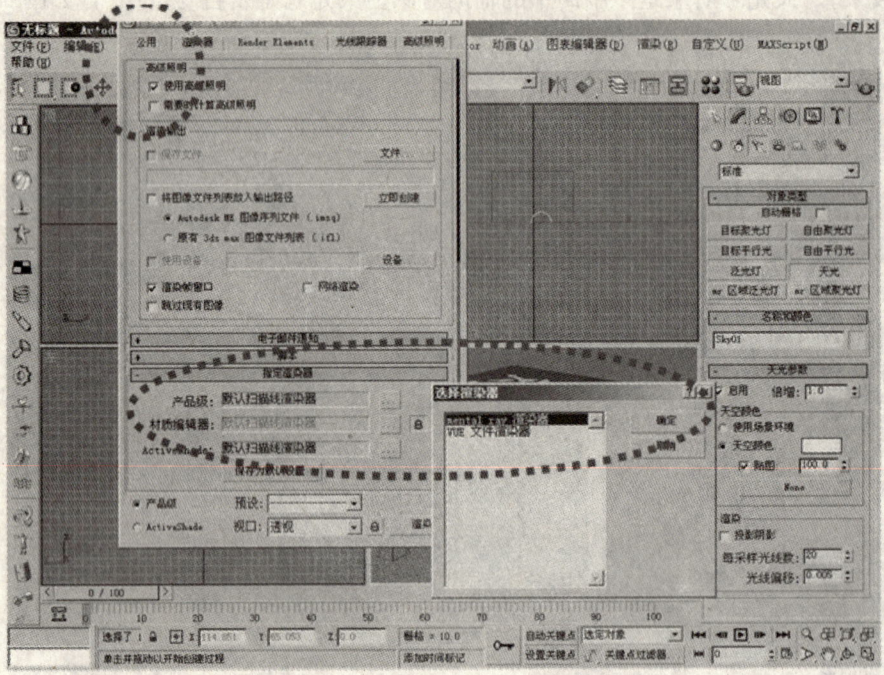

图 4—24　更改渲染器

步骤 15：渲染器设置启用最终聚集。

使用 mentalray 渲染器渲染时，天光照明的对象显示为黑色，除非启用最终聚集。“最终聚集”的切换位于“渲染场景”对话框的“间接照明”选项卡上。需要在“启用”前的小方框内打钩。这是非常必要的一步，如图 4—25 所示（由于版本不同，可能该项的具体文字不同，如 9.0 以上版本为“启用最终聚集”）。

步骤 16：渲染效果预览。

所有设置完成后就可以单击“渲染”按钮，弹出渲染预览框。如果机器的配置较低或者场景设计复杂，会出现短暂的黑色满屏和一个描述进度的对话框，如图 4—26 所示。

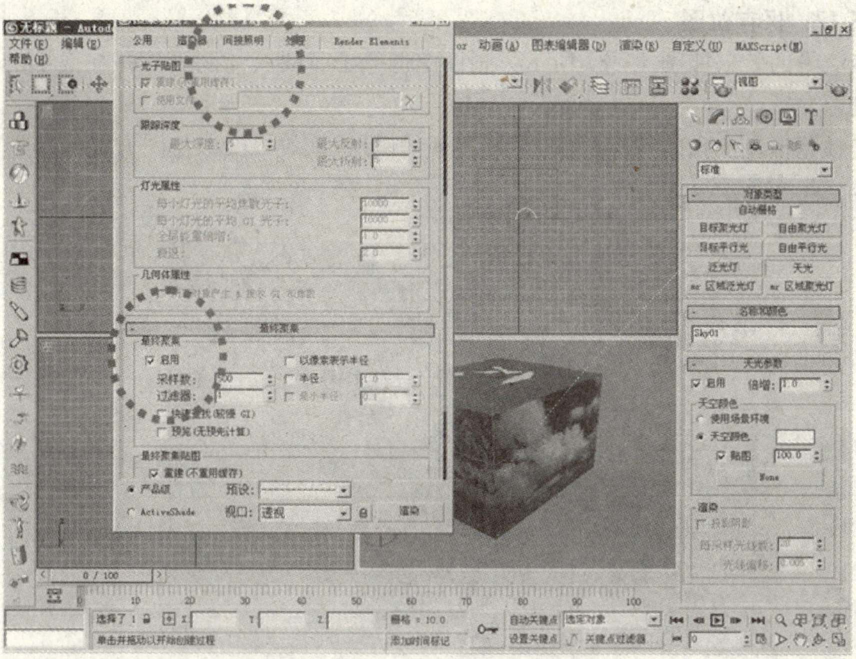

图 4—25　渲染器设置启用最终聚集

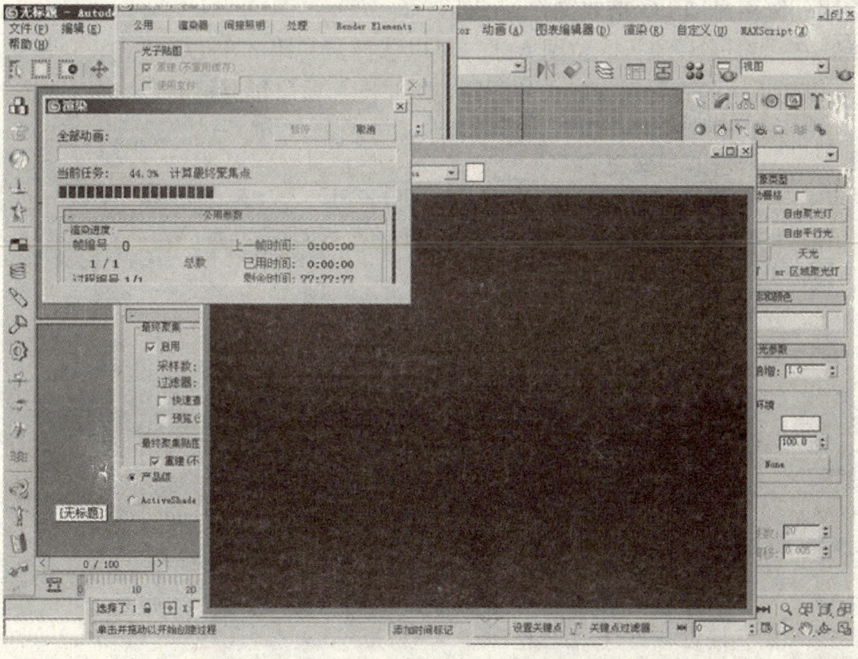

图 4—26　渲染预览进度

步骤 17：保存位图。

初步渲染的效果如图 4—27 所示，画面中的盒子有淡淡的阴影，并在底部的桌面投下淡淡的倒影。

单击预览框左上角的“保存位图”按钮，就可将该效果图以位图方式保存。

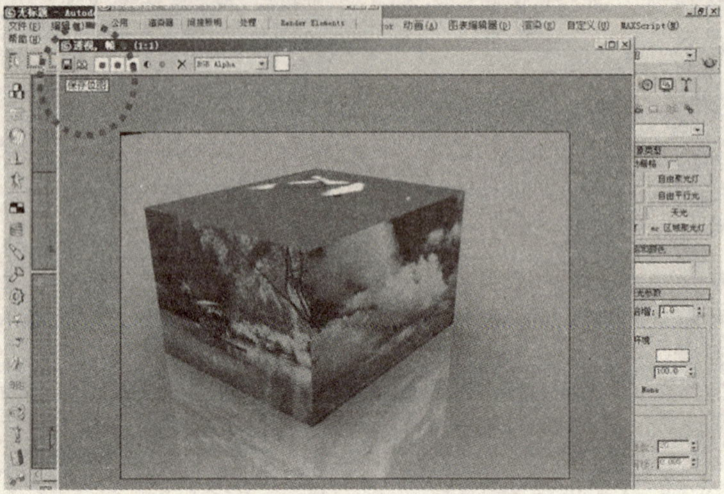

图 4—27　保存位图

步骤 18：保存为 JPEG 格式文件。

3ds Max 支持很多种流行的位图方式，可以选择最常用的 JPEG 格式，它是一种有损压缩方法，可以用很小的容量保存较大的图片，但是图片质量稍有损失，如图 4—28 所示。

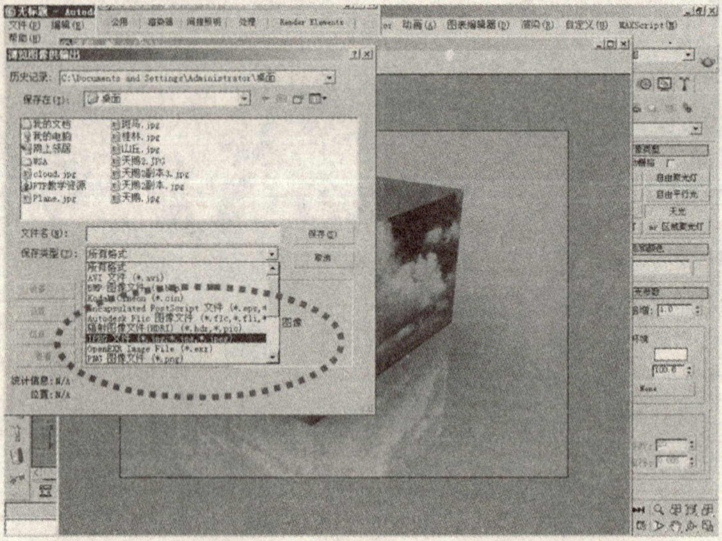

图 4—28　保存为 JPEG 格式

步骤 19：保存场景。

执行“文件”→“保存”命令，把整个场景保存，可以把场景中的模型、灯光、材质等所有设置保存，以备日后调整，如图 4—29 所示。

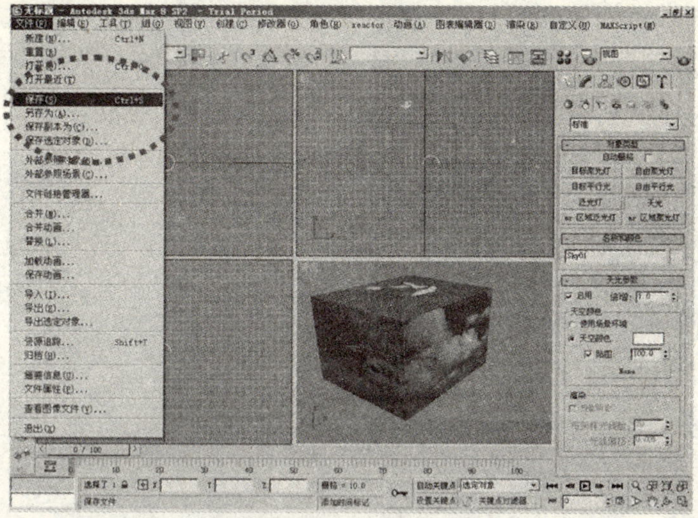

图 4—29　保存场景对话框

步骤 20：选择“. max”格式保存。

保存命令只能以“. max”格式保存，如图 4—30 所示。

如果制作复杂场景，最好在建模第一步执行后就立刻保存，每操作 10 步左右就按快捷键“Ctrl＋S”保存一次，以避免死机带来的损失。

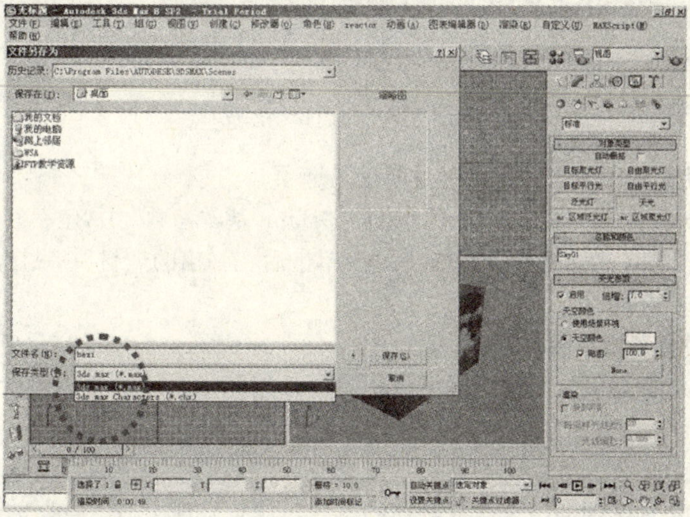

图 4—30　选择“. max”格式保存

步骤 21：更改模型高度。

普通的方盒子就可以完成了，但是在包装设计中，有些产品如内衣服装等常要在顶部开一个透视窗口，让顾客在不打开包装的情况下鉴别内部的面料、肌理或花纹细节。

这种开窗不需要真正把模型打洞，仅需要修改顶面的材质即可。

首先可以把模型压扁一点，就是在“修改”面板更改其“高度”值。然后调整贴图的文件，可以更换不同的位图加以区别，如图 4—31 所示。

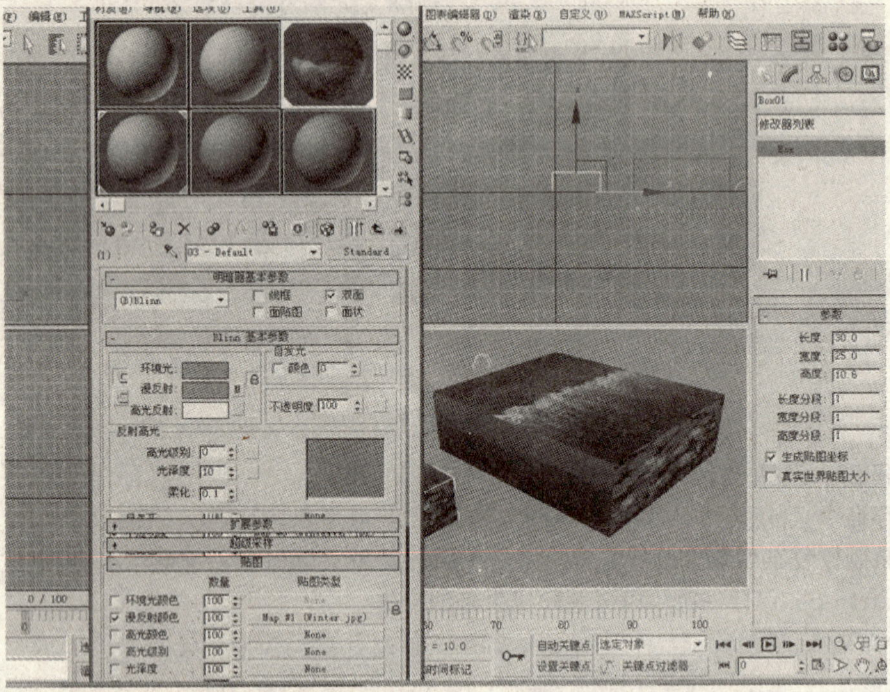

图 4—31　更改模型高度

步骤 22：设置盒子顶面材质“不透明度”选项。

在多维/子对象的第一个示例球顶面材质“Blinn 基本参数”中有一个“不透明度”选项，默认数值是 100，旁边有个灰色小方框，单击后在弹出的“材质/贴图浏览器”中选择“位图”，如图 4—32 所示。

步骤 23：设置蒙板位图。

选择一个事先做好的白底黑椭圆的位图，可以用各类二维绘画编辑软件如 Photoshop 等绘制。

它的原理和 Photoshop 的图层蒙板功能类似，就是黑色为透明，白色为不透明，灰色为半透明。通过添加透明通道来改变物体的材质，让它呈现出“中空”的开窗效果，窗的形状就是贴图中的黑色区域，如图 4—33 所示。

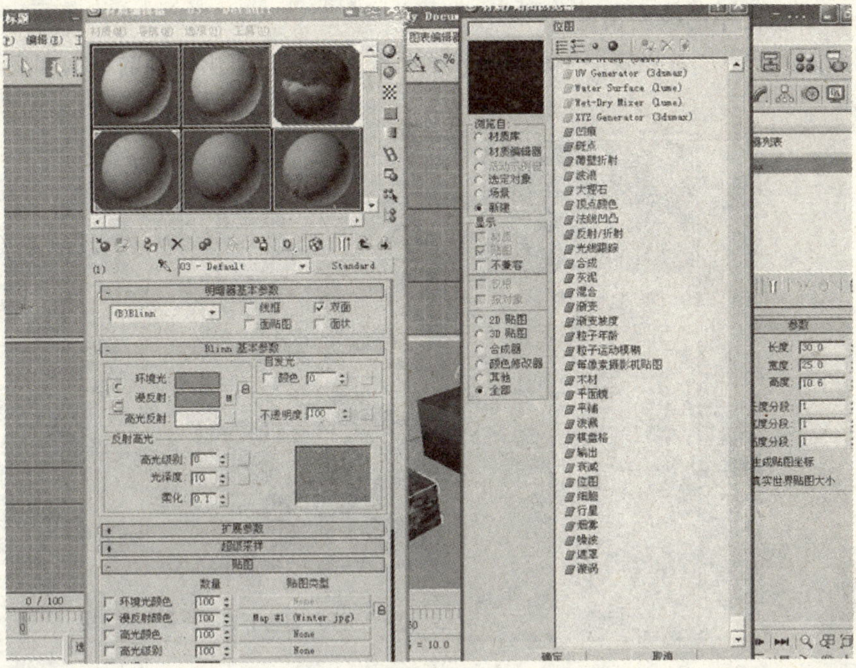

图 4—32　设置盒子顶面材质“不透明度”选项

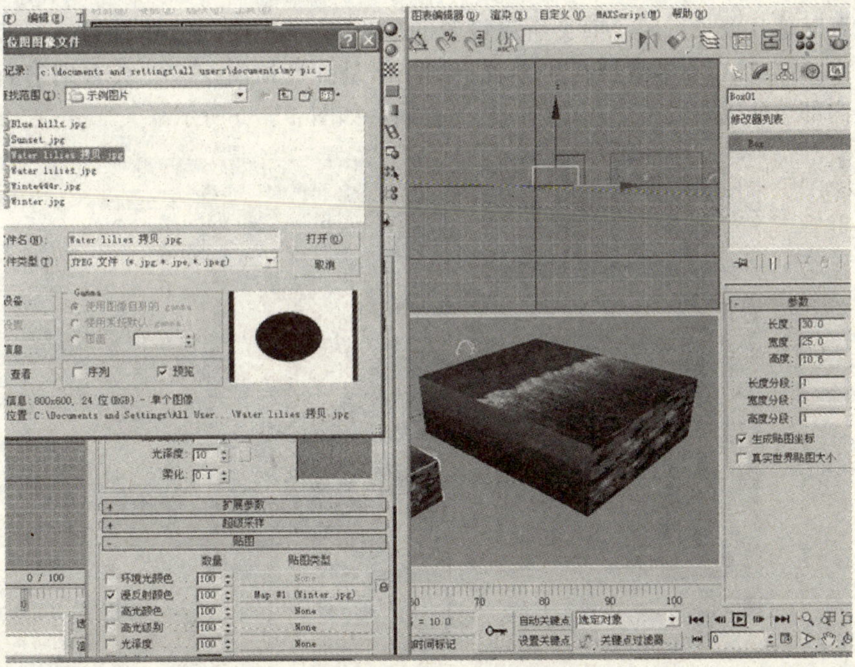

图 4—33　蒙板位图设置

步骤 24：视图中的模型预览。

贴图添加后就可以看到视图中的模型顶面已经被挖空，露出内部的结构和底面，如图 4—34 所示。

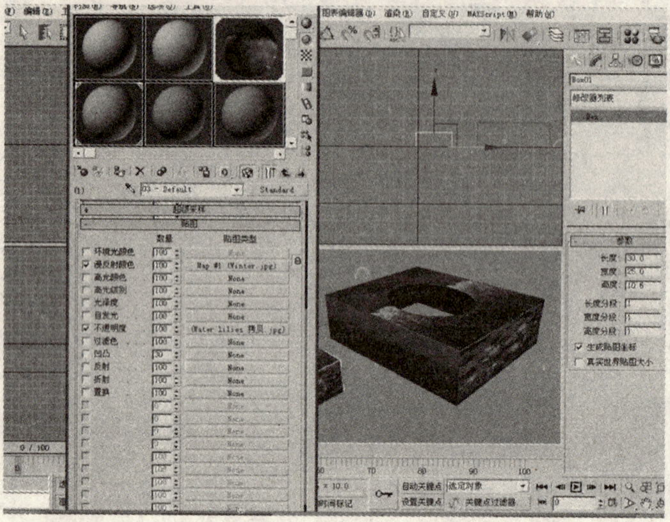

图 4—34　视图中的模型预览

步骤 25：设置内部材质。

再设置其他几个子材质。前文所属设置的“1、3、5”面为能够看到的外部三个面，还有“2、4、6”三个面被遮挡在后方看不到。但是一旦顶面挖空就会看到它们的局部，确切说是内部。所以要设一个灰白色的普通材质，如图 4—35 所示。

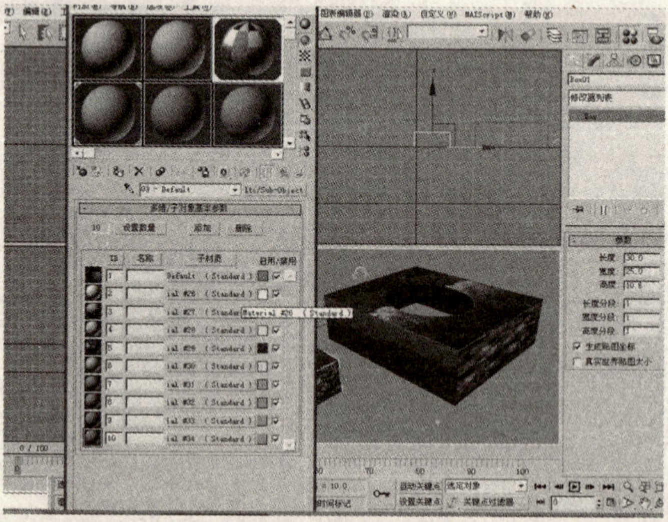

图 4—35　设置内部材质

步骤 26：设置内部材质的双面材质选项。

如果现在渲染的话，会发现内部各面还是看不到，因为 3ds Max 所有的材质默认都是单面的表皮材质，这样设计是为了节省计算机计算和渲染的时间，但是在这里就会出错了。所以要把这三个子材质的“双面”勾选，位置在“明暗器基本参数”一栏，如图 4—36 所示。

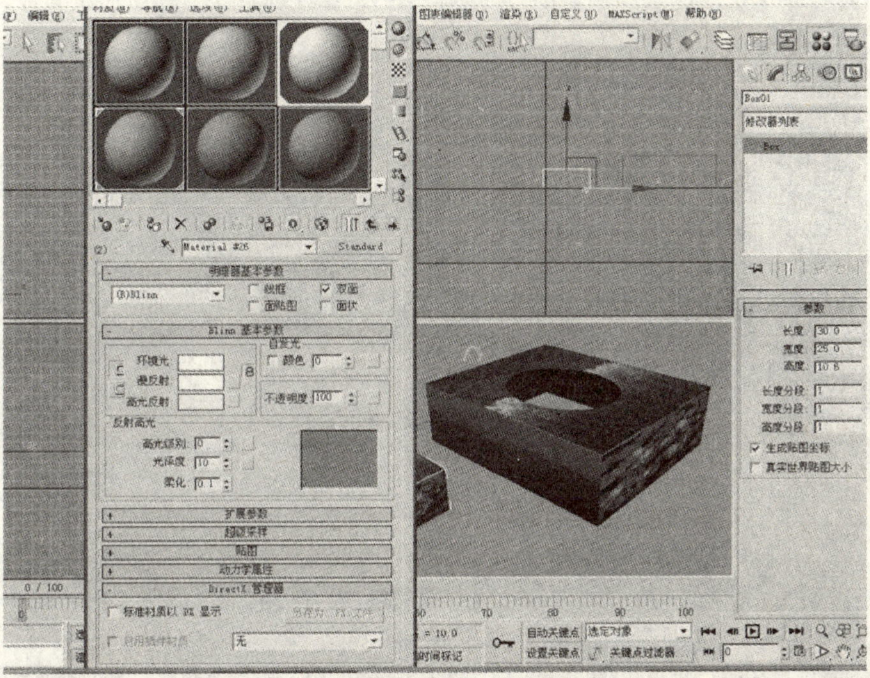

图 4—36　设置内部材质为双面材质

步骤 27：以实例的方式复制材质。

有一个简单的方法可以不用依次设置每个子材质，仅需在最高层级把第 2 个材质栏用鼠标拖到第 4 个和第 6 个材质栏，（复制材质）松手后在弹出的“实例（副本）材质”对话框中选择“实例”方式，就可以把第 2 个子材质以实例的方式复制到第 4 个和第 6 个子材质上，而且任意改动其中一个，另外两个都跟随改变，如图 4—37 所示。

步骤 28：渲染最终效果。

执行渲染，即可发现盒子顶面已经打开一个透视窗，如图 4—38 所示。

4.2.2　香水瓶的制作

步骤 1：创建切角圆柱体。

对于圆柱形物体而言，3ds Max 提供了很多种办法进行建模，如车削命令和放样命令等。本例中采用的是另一种更简单的办法——通过建立一个切角圆柱体，然后通过编辑多

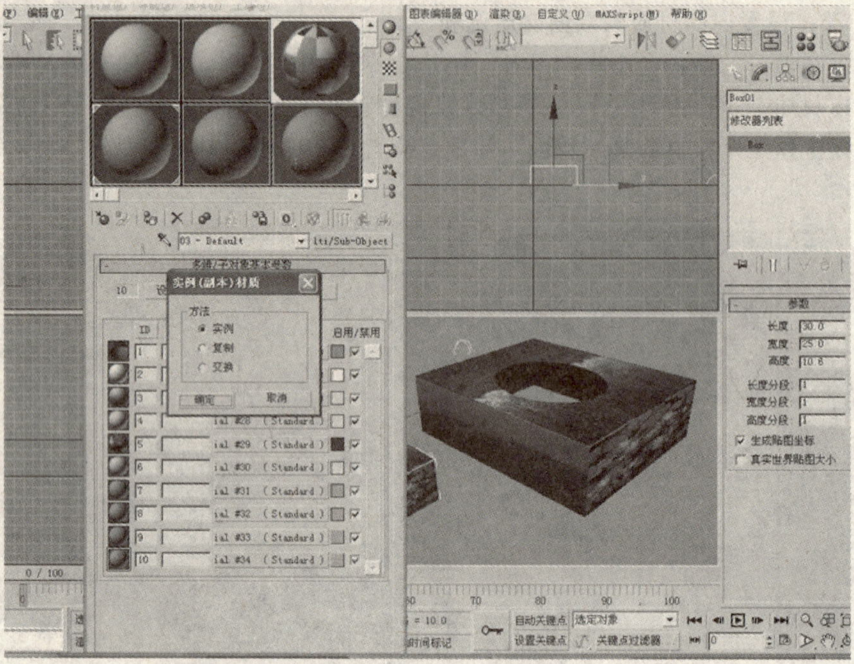

图 4—37 以实例的方式复制材质

图 4—38 渲染最终效果

边形功能，变形处理形成个性的造型。整个过程有些像捏泥巴一样，更适合初学者学习和细微调整造型。

选择“创建”面板“扩展基本体”中的“切角圆柱体”，建立一个有圆切角的圆柱体 ChamferCyl01，如图 4—39 所示。

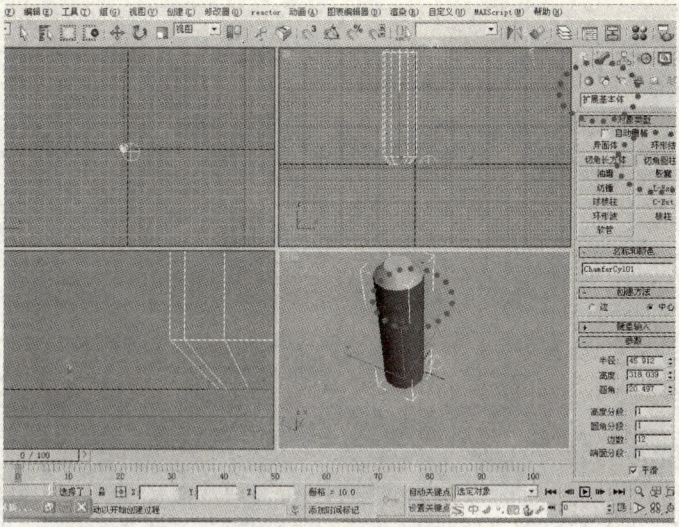

图 4—39　创建切角圆柱体

步骤 2：更改切角圆柱体参数。

进入“修改”面板，更改其参数，如图 4—40 所示。需要强调的是圆柱体的高度分段要大，在 20 个单位左右，这样会增加侧面的细节，有利于后来的造型设计。边数也要适当增加，令圆柱体更加圆润。

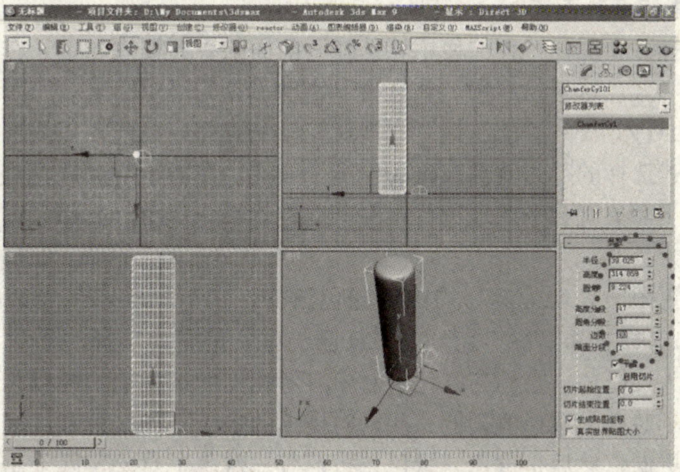

图 4—40　更改切角圆柱体参数

步骤 3：添加“编辑多边形”命令。

接下来可以为圆柱体添加一个“编辑多边形”的命令。这是 3ds Max 最强大的命令之一，有非常多的建模和编辑功能，如图 4—41 所示。

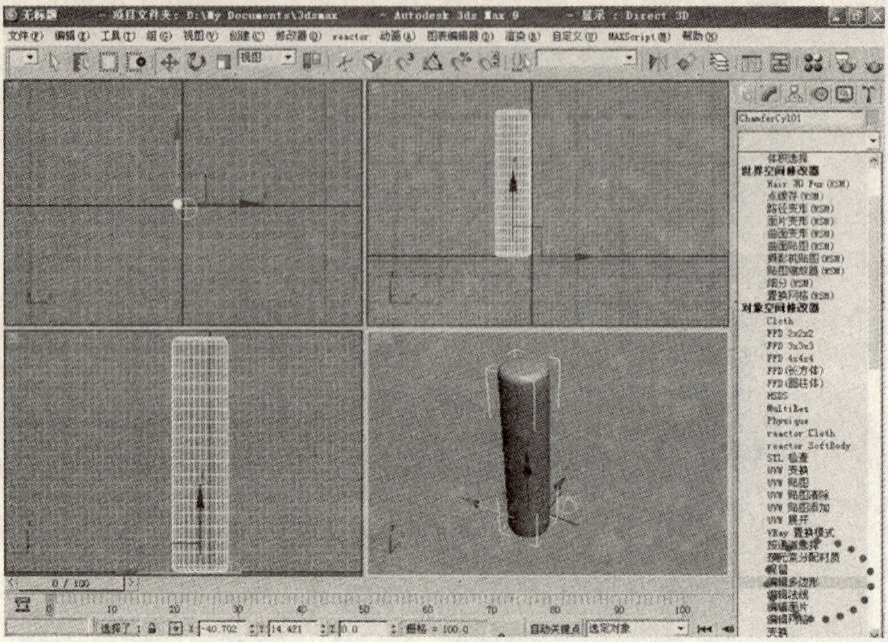

图 4—41　添加“编辑多边形”命令

步骤 4：“顶点”编辑。

进入“顶点”编辑状态，在前视图框选最上面两排顶点，如图 4—42 所示。

步骤 5：使用软选择方式。

打开“软选择”卷展栏，在“使用软选择”前面的小方框内勾选，在视图中的红色选中部分变成一段彩虹，这就是启用“软选择”辅助工具的显示结果，如图 4—43 所示。

“软选择”的具体解释：“软选择”卷展栏控件允许部分地选择显式选择连接处的子对象。这将会使显式选择的行为就像被磁场包围了一样。在对子对象选择进行变换时，在场中被部分选定的子对象就会平滑地进行绘制；这种效果随着距离或部分选择的“强度”而衰减。

这种衰减在视图中表现为选择周围的颜色渐变，它与标准彩色光谱的第一部分相一致。ROYGB（红、橙、黄、绿、蓝）中，红色子对象是显式选择的子对象。具有最高值的软选择子对象为红橙色；它们与红色子对象有着相同的选择值，并以相同的方式对操纵做出响应。橙色子对象的选择值稍低一些，对操纵的响应不如红色和红橙顶点强烈。黄橙子对象的选择值更低，然后是黄色、绿色、黄色等。蓝色子对象实际上是未选择，并不会对操纵做出响应，除了邻近软选择子对象需要的以外。

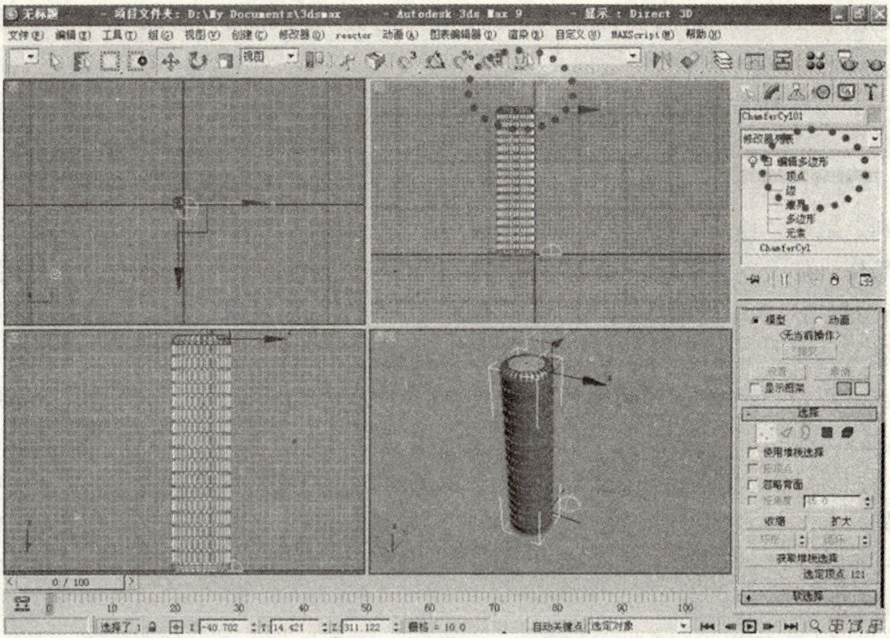

图 4—42　进入“顶点”编辑状态

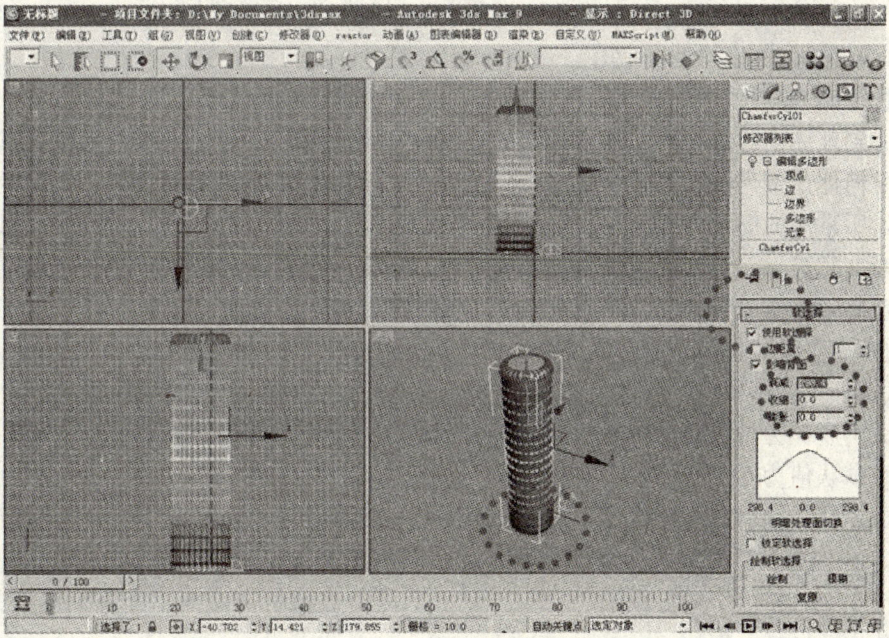

图 4—43　使用软选择方式进行编辑

在默认情况下，软选择区域是球形的，而不考虑几何体结构。或者可以使用“边距离”选项将选择限制到连续面的顶点上。

如果子对象被传到了修改器堆栈上，并且“使用软选择”处于启动状态，变形对象的修改器结果（诸如“弯曲”和“变换”）就会受“软选择”参数值的影响。

“软选择”卷展栏中的“使用软选择”选项表示在可编辑对象或“编辑”修改器的子对象级别上影响“移动”“旋转”和“缩放”功能的操作，如果变形修改器在子对象选择上进行操作，那么也会影响应用到对象上的变形修改器的操作（后者也可以应用到“选择”修改器）。启用该选项后，软件将样条线曲线变形应用到进行变化的选择周围的未选定子对象上。要产生效果，必须在变换或修改选择之前启用该复选框。

“软选择”卷展栏中的“边距离”选项表示启用该选项后，将“软选择”限制到指定的面数，该选择在进行选择的区域和软选择的最大范围之间。影响区域根据“边距离”空间沿着曲面进行测量，而不是真实空间。在仅要选择几何体的连续部分时，此选项比较有用。例如，鸟的翅膀折回到它的身体，用“软选择”选择翅膀尖端会影响身体顶点。但是，如果启用了“边距离”，将该数值设置成要影响翅膀的距离（用边数），然后将“衰减”设置成一个合适的值。

“软选择”卷展栏中的“影响背面”选项表示启用该选项后，那些法线方向与选定子对象平均法线方向相反的、取消选择的面就会受到软选择的影响。在顶点和边的情况下，这将应用到它们所依附的面的法线上。如果要操纵细对象的面，诸如细长方体，但又不想影响该对象其他侧的面，可以禁用“影响背面”。注意：编辑样条线时“影响背面”不可用。

“软选择”卷展栏中的“衰减”选项用以定义影响区域的距离，它是用当前单位表示的从中心到球体的边的距离。使用越高的衰减设置，就可以实现更平缓的斜坡，具体情况取决于几何体比例。默认设置为 20。用“衰减”设置指定的区域在视图中用图形的方式进行描述，所采用的图形方式与顶点和/或边（或者用可编辑的多边形和面片，也可以是面）的颜色渐变相类似。渐变的范围为从选择颜色（通常是红色）到未选择的子对象颜色（通常是蓝色）。另外，更改“衰减”设置时，渐变就会实时地更新。注意：如果启用了边距离，“边距离”设置就限制了最大的衰减量。

“软选择”卷展栏中“收缩”选项表示沿着垂直轴提高并降低曲线的顶点。设置区域的相对突出度。为负数时，将生成凹陷，而不是点。设置为 0 时，收缩将跨越该轴生成平滑变换。默认值为 0。

“软选择”卷展栏中“膨胀”选项表示沿着垂直轴展开和收缩曲线。设置区域的相对丰满度。受“收缩”限制，该选项设置“膨胀”的固定起点。“收缩”设为 0，并且“膨胀”设为 1.0，将会产生最平滑的凸起。“膨胀”为负数值将在曲面下面移动曲线的底部，从而创建围绕区域基部的“山谷”。默认值为 0。

“软选择”卷展栏中的“软选择曲线”。以图形的方式显示“软选择”将是如何工作的。可以试验一个曲线设置，将其撤销，然后再使用相同的选择尝试另一个设置。

“软选择”卷展栏中的“明暗处理面切换”按钮显示颜色渐变，它与软选择范围内面上的软选择权重相对应。只有在编辑面片和多边形对象时才可用。

如果禁用了可编辑多边形或可编辑面片对象的顶点颜色显示属性，单击“明暗处理面切换”按钮，将会启用“软选择颜色”着色。如果对象已经有了活动的“顶点颜色”设置，单击“着色面切换”将会覆盖上一个设置，并将它更改成“软选择颜色”。如果不想更改顶点颜色着色属性，可以使用“撤销”命令。

“软选择”卷展栏中“锁定软选择”选项用于锁定软选择，以防止对程序的选择进行更改。

步骤 6：使用“缩放”工具塑造瓶身。

使用“缩放”工具在顶视图中把刚才选中部分收缩。可以发现随着上部选中部分的收缩，橙色、绿色和蓝色部位也出现了不同幅度的变化，这就是“软选择”功能的作用。现在这个圆柱体就变成上尖下粗、侧面圆滑过渡的酒瓶形，如图 4—44 所示。

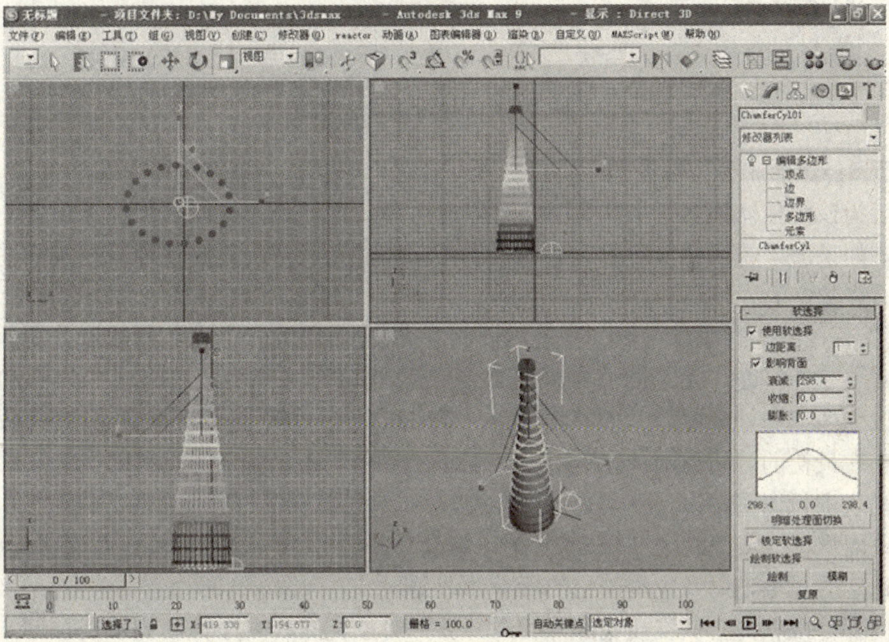

图 4—44　使用“缩放”工具塑造瓶身

步骤 7：编辑瓶身造型。

更改“软选择”的“衰减值”，数值下降，使彩虹的蓝色范围收缩至瓶身上端 1/4 处，然后放大，使瓶盖扩大一点。

如果不断变换衰减值，并结合缩放命令多次处理，可以使瓶身呈现各种造型，如图 4—45 所示。

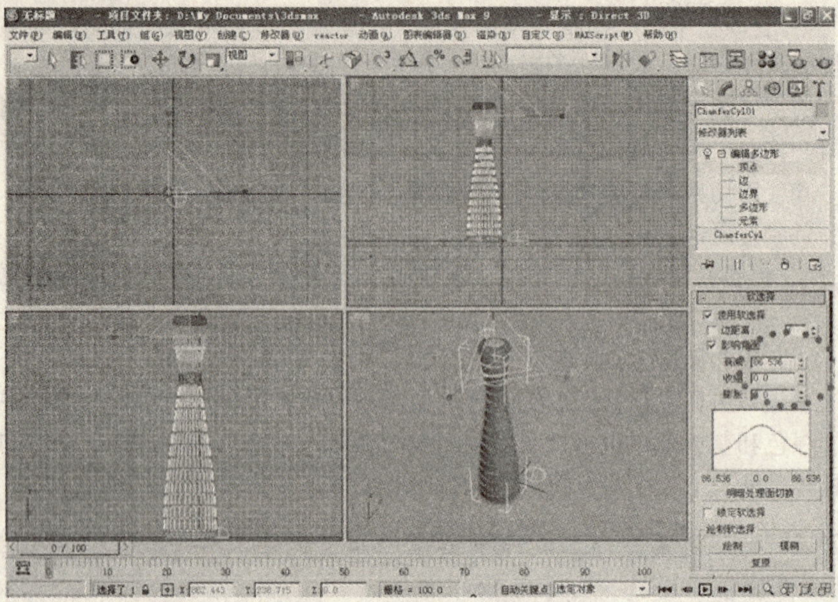

图 4—45　编辑瓶身造型

步骤 8：添加“壳”修改器。

然后为该圆柱体添加一个“壳”修改器的命令，这是因为目前的圆柱体还是一个实心的物体，如果渲染的话会出现很奇怪的效果，添加“壳”修改器后就可以把实心的物体变成一个有壳的空心。

“壳”修改器通过添加一组朝向现有面相反方向的额外面，“壳”修改器“凝固”对象或者为对象赋予厚度，无论曲面在原始对象中的任何地方消失，边将连接内部和外部曲面。可以为内部和外部曲面、边的特性、材质 ID 以及边的贴图类型指定偏移距离。

其实在最初的“切角圆柱体”时就可以添加“壳”修改器，可以利用 3ds Max 的修改器堆栈列表进行调整。

修改器堆栈（或简写为“堆栈”）是“修改”面板上的列表。它包含有累积历史记录，上面有选定的对象，以及应用于它的所有修改器。

在内部，该软件会从堆栈底部开始“计算”对象，然后顺序移动到堆栈顶部，对对象应用更改。因此，应该从下往上“读取”堆栈，沿着该软件使用的序列来显示或渲染最终对象。

在堆栈的底部，第一个条目始终列出对象的类型（在这个例子中，是“切角圆柱体”）。单击此条目即可显示原始对象创建参数，以便可以对其进行调整。如果还没应用过修改器，那么这就是堆栈中唯一的条目。

在对象类型之上，会显示对象修改器。前文做过的“编辑多边形”就在这里显示出来。单击修改器条目即可显示修改器的参数，可以对其进行调整，或者删除修改器。“编辑多边形"修改器有子对象（或子修改器）级别，那么它们前面会有加号或减号图标。

在本案例中就可以把鼠标放到"切角圆柱体"上（在"编辑多边形"修改器之下），再单击修改器菜单，选择"壳"修改器。这样就等于在编辑多边形之前先执行"壳"，相当于插队，如图 4—46 所示。

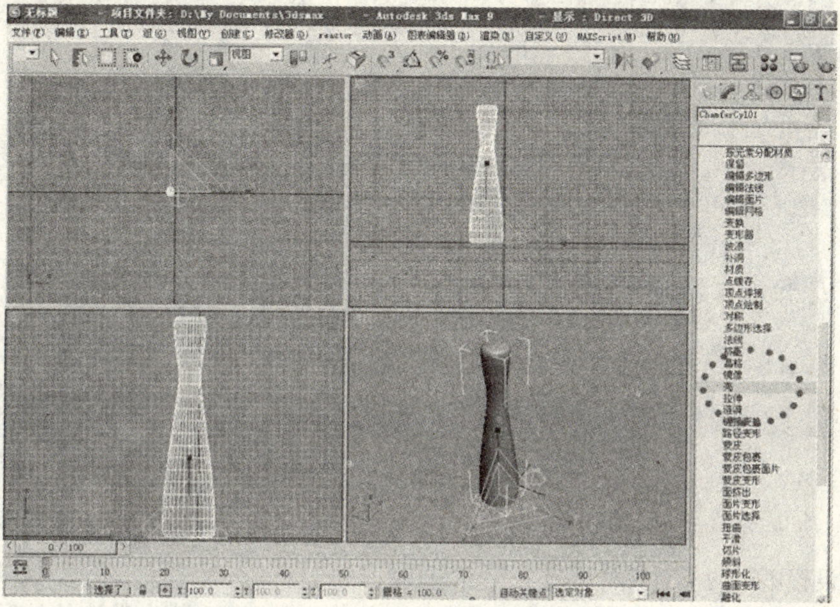

图 4—46　选择"壳"修改器

步骤 9：修改壳的设置。

注意壳的设置，有一个"内部量"和"外部量"的区别，默认值是内部量为 0，外部量为 1，相当于该物体向外侧长出一层空壳。但在本案例中，为了方便后面渲染桌面，应该将物体向内长，因为物体目前处在坐标原点上，向内长出壳面就不用修改它在空间中的位置。

要把它的值改为内部量为 2，外部量为 0（关键是外部量为 0，而内部量根据瓶身大小随机而定）。

从图 4—47 中还可以看出，"壳"命令已经加在了切角圆柱体（ChamferCyl）和编辑多边形之间，而且物体的造型又变回普通的圆柱体，而非刚才编辑好的细腰瓶身。这是因为目前作用的命令层级为"壳"，编辑多边形还没有发生作用，它的"＋"前面的灯泡图标呈灰色显示，表明该命令在当前不起作用。

步骤 10：设置物体的 ID 属性。

单击编辑多边形"＋"前面的灯泡图标，使灰色变为正常的白色显示，表明该命令在当前起作用。可以发现瓶子又变回原先设计好的细腰造型（最大的区别就是实心物体变成空壳瓶子）。

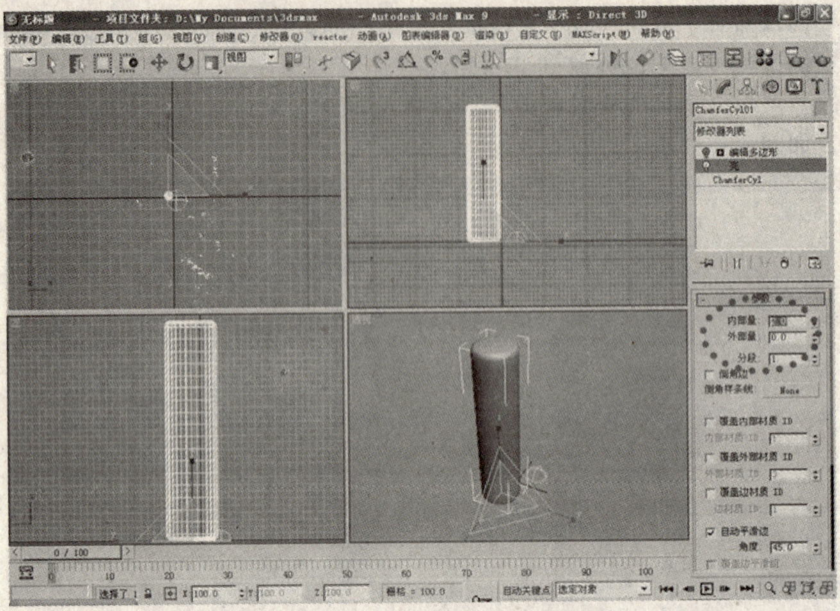

图 4—47　修改“壳”的设置

打开“+”号，选择下面的“多边形”方式，以多边形的方法编辑香水瓶（主要是为了给瓶身设置不同的子对象材质）。

前面已经讲过部分“多维/子对象”材质的内容，几何基本体有默认的材质标志编号指定。默认的材质 ID 指定取决于几何体的类型。大多数弯曲的对象（如球体）都拥有单个的材质 ID。长方体有 6 个 ID，每面一个；圆柱体有 3 个 ID，ID 编号 1 和 ID 编号 2 用于两个封口，ID 编号 3 用于侧面，异面体有三个 ID，P、Q、R 轴各一个。

在应用“多维/子对象”材质时，会将“多维/子对象”材质 ID 编号与对象各面上的材质 ID 编号进行匹配。面记录 ID 编号，不记录材质名称。如果材质是除“多维/子对象”之外的任何材质，它就会指定给对象的整个曲面。

在对象变成复合对象操作对象之前，将一些定义的材质 ID 编号指定给每个对象，对于合并后能够选择单独的片对象来说，是一种有用的技术。

需要单独进行绘画和涂饰的连续曲面可以使用材质 ID。例如，汽车由不同类型的材质所组成，如彩色的金属车身、铬合金部件、玻璃窗等。

本案例也是如此，通常的香水瓶都有至少两种材质——玻璃瓶身和金属（或塑料镀金属）瓶盖，正式商品中还会有产品标签。

在操作上，要注意从侧面圈选下部分的瓶身，可以看到选中部分呈红色显示，这些就是以后要改为玻璃材质的子对象。然后把修改面板向下推移，在靠近最下方的部位出现了“多边形属性”栏，该栏的最上排为“设置 ID”，在它旁边的设置栏目中键入 2，就把选中多边形面的 ID 改为 2。对应的是多维/子对象栏目中“2”号材质球，如图 4—48 所示。

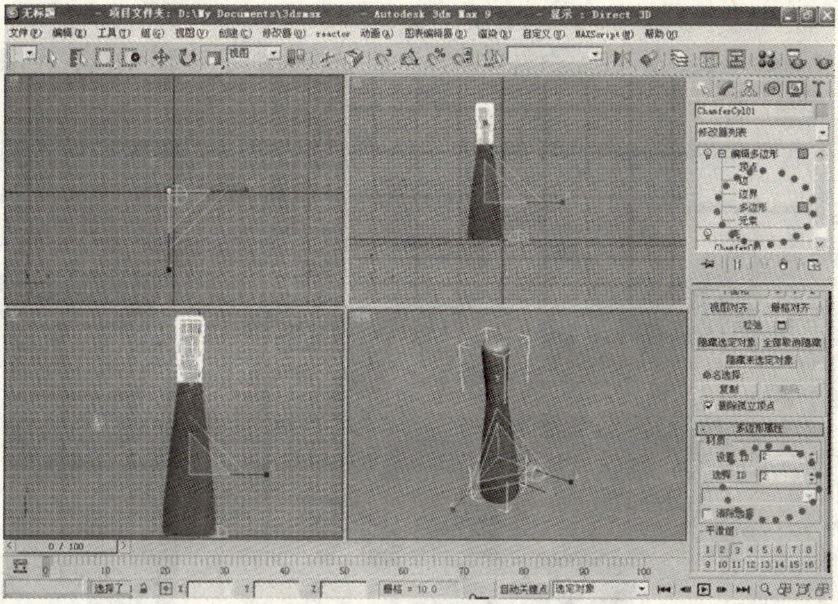

图 4—48　设置物体的 ID 属性

步骤 11：物体的 ID 号码更改。

把其他部位 ID 都设置成“1”，如图 4—49 所示，还可以为瓶身底部加上一条金属的装饰边。

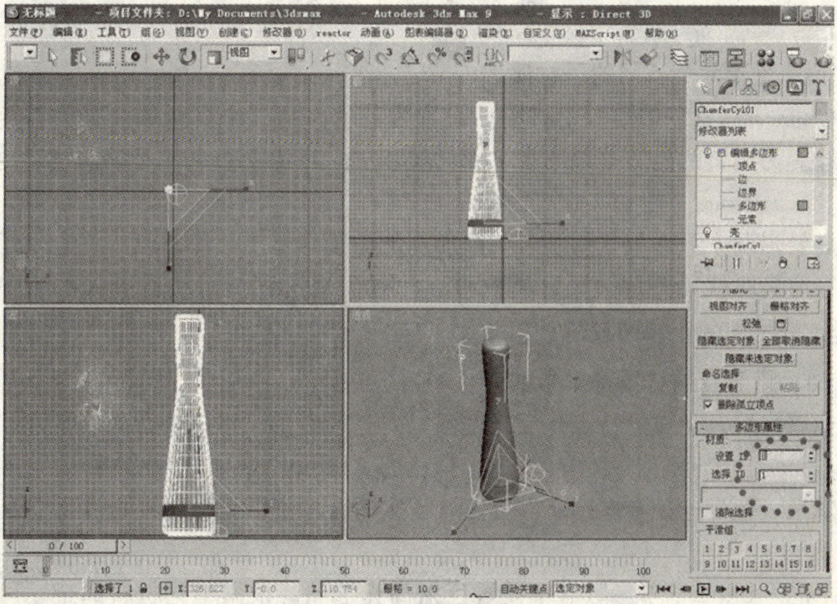

图 4—49　物体的 ID 号码更改

步骤 12：设置“多维/子对象”材质。

打开材质编辑器，选一个空白材质球，设置为“多维/子对象”材质，如图 4—50 所示，并使用，将材质赋予香水瓶。

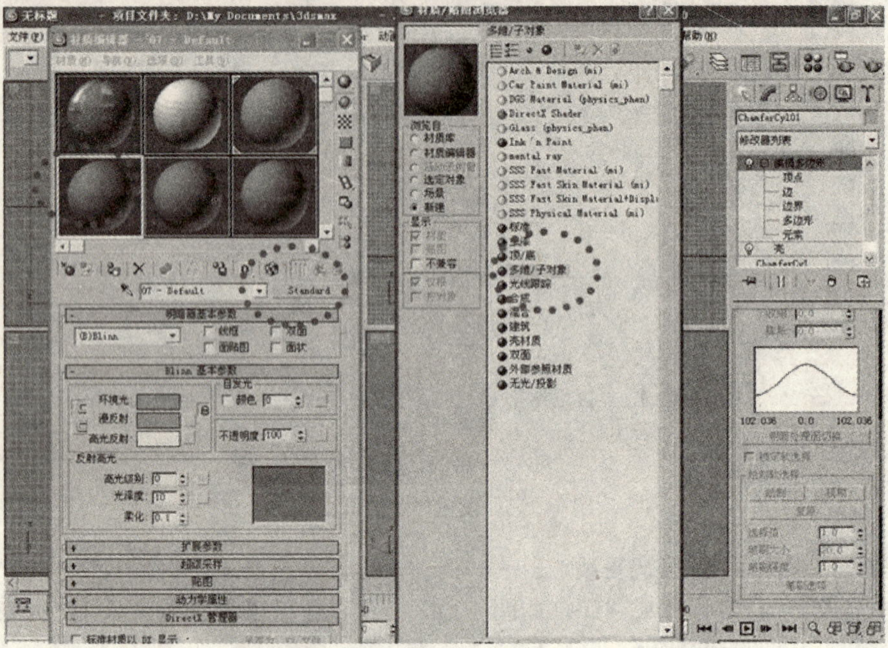

图 4—50　设置“多维子对象”材质

步骤 13：设置两个不同的子材质。

把“多维/子对象”的第一个材质球设置为黄色，第二个材质球设置为蓝色，可以看到瓶身已经变为蓝黄两色。这说明香水瓶已经和材质球建立联系，可以继续对材质球进行设置。

在这里要强调一下，某些初学者往往孤立地设置好材质，却并没有将它赋予给场景中的物体，在渲染时就无法显示出材质效果。一旦出现这种情形，就可以检查一下，使用把材质赋给选中的物体即可，如图 4—51 所示。

步骤 14：设置金属材质基本参数。

设置金属材质。金属的特点是反光性强，对光线敏感。可以进行如下设置。

有些教材中把“明暗器基本参数”中默认的“Blinn”选项改为“Metal”，可以塑造很强的金属效果，但是这种金属感不够真实，不太适合精细的调整，所以在此仍然选用默认的“Blinn”。

在其下的“Blinn 基本参数”中设置反射高光选项。根据不同材料的金属可以设置不同的数值。高光级别设为 150 以上，光泽度在 50 左右，这样就会把材质的表面设置成类

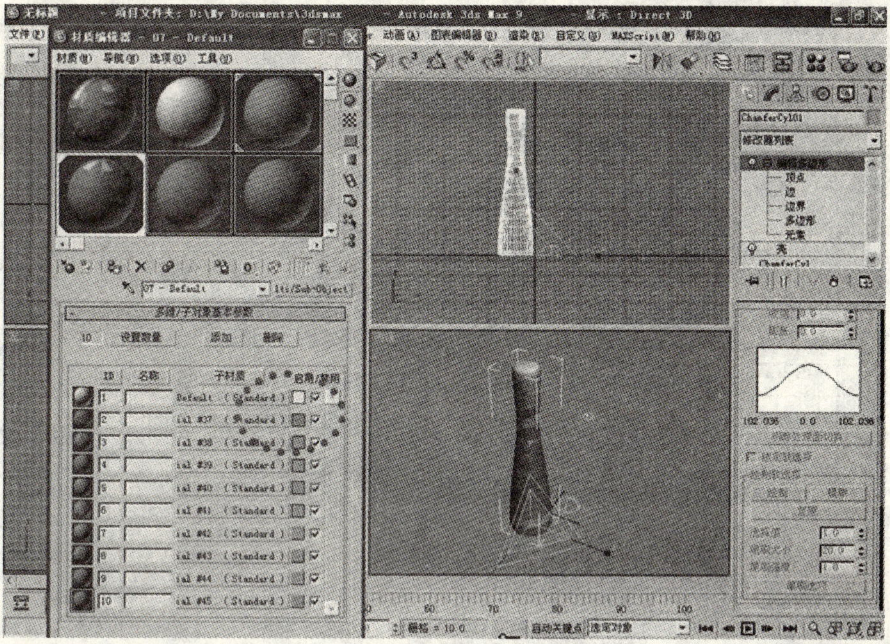

图 4—51　设置两个不同的子材质

似金属的特性了，如图 4—52 所示。

金属还有最显著的一个特征就是能够产生像镜面一样的反射，把周围的环境反映出来，抛光度越高，反射越强。很多贵金属首饰或器皿装饰都是如此。

步骤 15：设置金属材质的“光线跟踪”贴图。

把材质球的“贴图”栏目打开，在“反射”一项勾选，后面的数值改为 80 左右，并单击最右侧的空白长条，在弹出的“材质/贴图浏览器”中选择“光线跟踪”贴图。这样物体就可以产生镜面一样的反射了。反射值由前面的数值来确定，前文所述的 80 即为 80%的反射，数值越小，反射越小，如图 4—53 所示。

使用“光线跟踪”贴图，可以提供全部光线跟踪反射和折射，也可以使用光线跟踪材质，该材质使用相同的光线跟踪器生成更精确的光线跟踪反射和折射。光线跟踪贴图和光线跟踪材质之间的区别为：

“光线跟踪”贴图与使用其他贴图的操作一样。这意味着可以将光线跟踪反射或折射添加到各种材质中。可以将“光线跟踪”贴图指定给材质组件，反射或折射除外，尽管这些是使用此贴图的主要方法。

“光线跟踪”贴图比“光线跟踪”材质拥有更多衰减控件。通常“光线跟踪”贴图比“光线跟踪”材质渲染得更快。

步骤 16：设置玻璃基本参数和“不透明度”选项。

选择第二个子材质球，进入到玻璃的设置中。

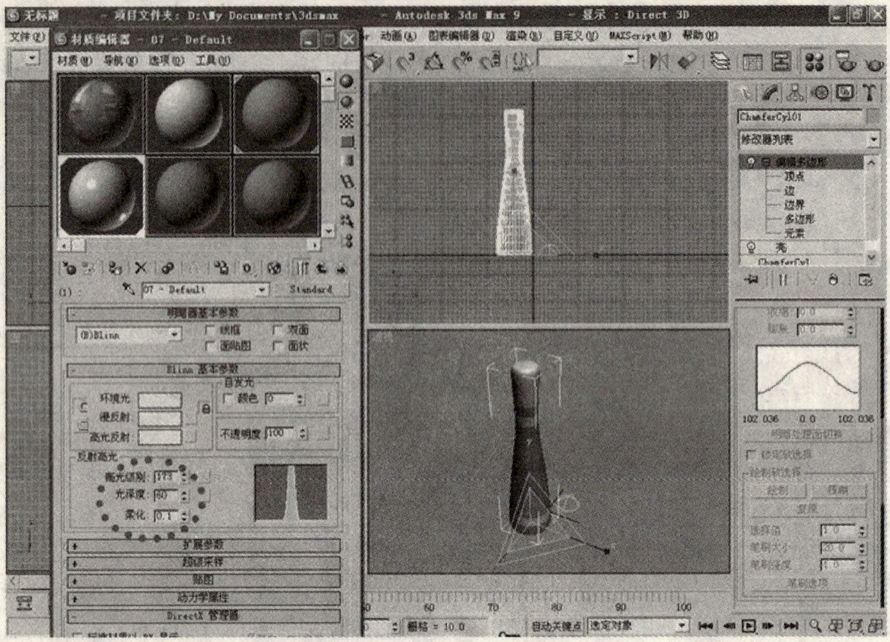

图 4—52　设置金属材质基本参数

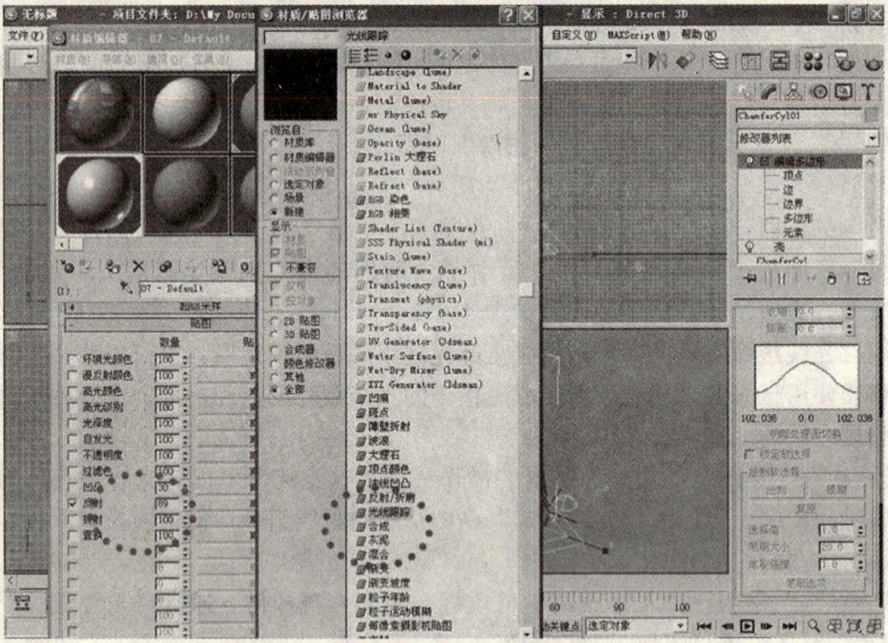

图 4—53　设置金属材质的“光线跟踪”贴图

玻璃的最大特点就是透明，在“Blinn 基本参数”有一个“不透明度”选项，默认值是 100，就是 100%的不透明，如图 4—54 所示。把它的值降低，就可以发现场景中的瓶子玻璃材质部分变成半透明的网格状，如果降为 0，则完全透明。

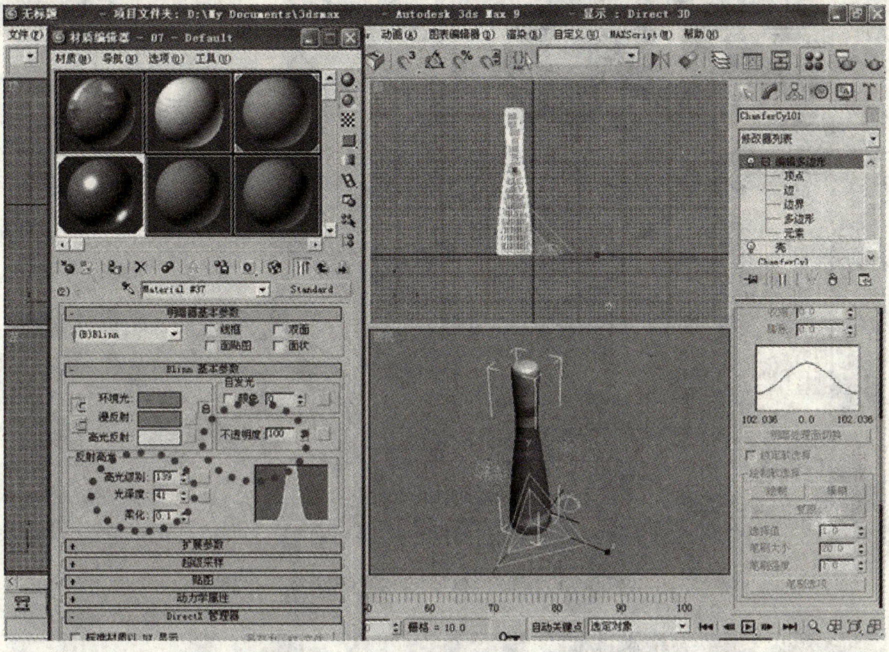

图 4—54　设置玻璃基本参数和“不透明度”选项

还需要设置反射高光选项。不同材料的玻璃可以设置不同的数值。高光级别设为 150 以下，光泽度在 50 以下，把材质的表面设置成类似金属的特性，但都比金属弱一个级别。

玻璃最显著的特征就是能产生折射和反射，和金属使用光线跟踪一样，只是玻璃比金属还要多一个折射。

步骤 17：设置玻璃材质的“光线跟踪”贴图。

把材质球的“贴图”栏目打开，在“反射”和“折射”中都选择“光线跟踪”贴图。反射值数值设在 30 左右，而折射数值设在 70 左右，总结一下就是玻璃的反射较弱，但折射很强，如图 4—55 所示。

这样香水瓶的材质就设置好了，然后在场景中添加天光和地面，就可以进行渲染。

但是，渲染后会发现金属和玻璃的效果并不太理想，其原因不在于它们的材质设置，而是整个场景的环境还没有设计好。

步骤 18：制作反光用的灯箱。

在香水瓶的右前侧（左前侧也可）很远的地方，建立一个巨大的竖长条长方体，用来做反光用的灯箱。可以在透视图创建，创建后放大时看不到该长方体即可，如图 4—56 所示。

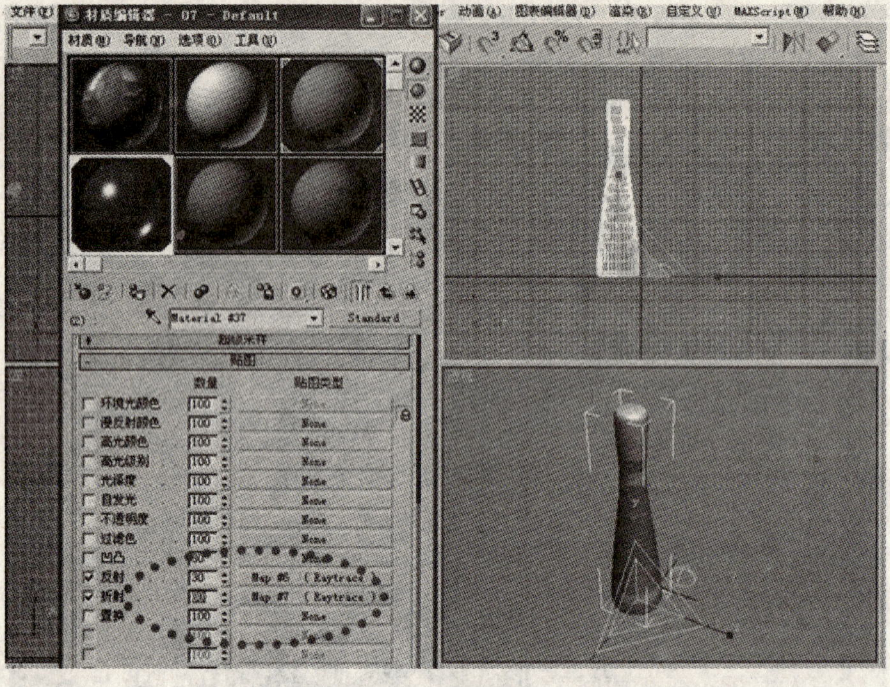

图 4—55　设置玻璃材质的“光线跟踪”贴图

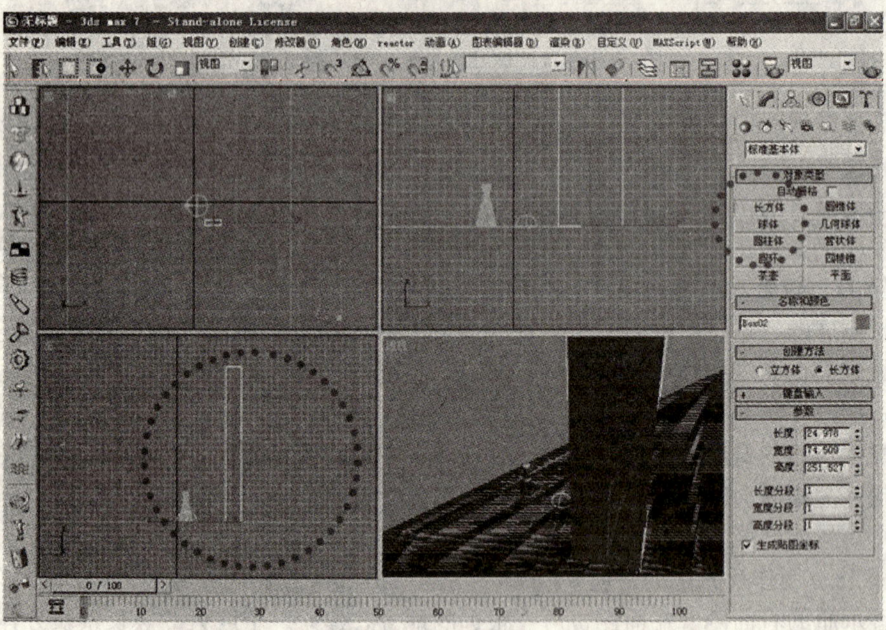

图 4—56　制作反光用的灯箱

步骤 19：设置反光灯箱材质。

给长方体一个自发光的材质，让它成为一个巨大的灯箱，这样它会在高反射的金属和玻璃物体上留下反射影像，造成高光的错觉。这种高光不是灯光，而是用反光板来模拟的。因为灯光的设置不如反光板简易。

自发光材质很简单，只需勾选“Blinn 基本参数”下的“自发光”选项，并把颜色设为白色即可，如图 4—57 所示。

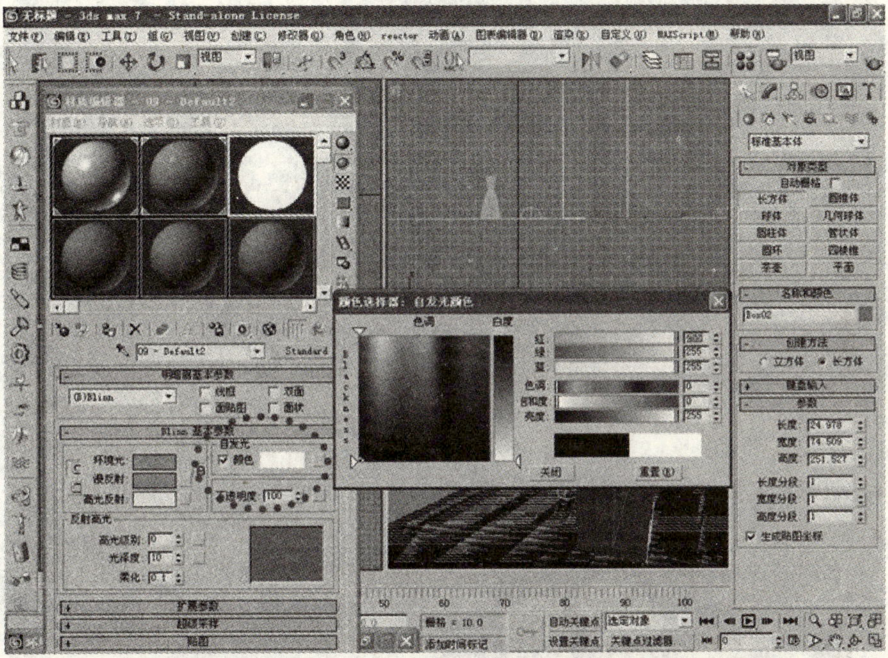

图 4—57　设置反光灯箱材质

步骤 20：设置环境参数。

把“渲染”→“环境”设置一下，防止金属反射出环境默认的黑色来，如图 4—58 所示。

步骤 21：设置环境参数的颜色。

单击“渲染”菜单下的“环境”，弹出“环境和效果”对话框，在背景颜色一项，将背景颜色设置成和场景中地面一样的颜色，如图 4—59 所示。可以通过数值设置，也可以把地面材质球的“漫反射”颜色框用鼠标直接拖拽至背景颜色，并在弹出的对话框中选择“复制”即可。

步骤 22：为香水瓶标签设置 ID。

然后就可以为该香水瓶加上标签。添加标签有两种做法，一种是简单的方形标签或环状标签，仅需在瓶子上选择一些面设置 ID 为 3，增添一个子对象材质即可。另一种是复杂

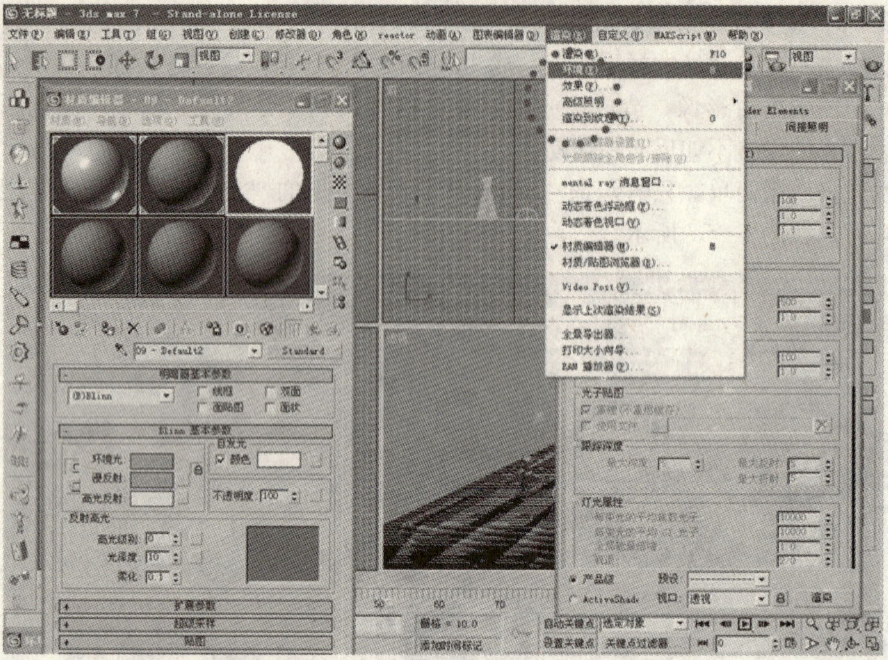

图 4—58 设置环境参数

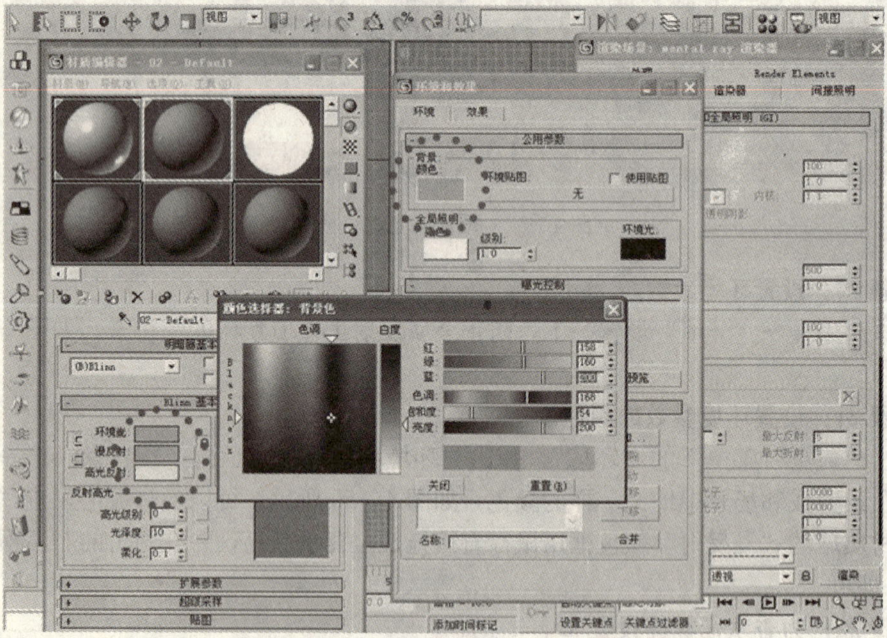

图 4—59 设置环境参数的颜色

的做法，适合椭圆或异型标签的设计，就不能简单地规划一个子材质，具体参见下文（步骤 29）。

单击瓶身物体的“编辑多边形”堆栈，进入“多边形”方式，在前视图或左视图圈选瓶身中部的多排多边形面，如图 4—60 所示。

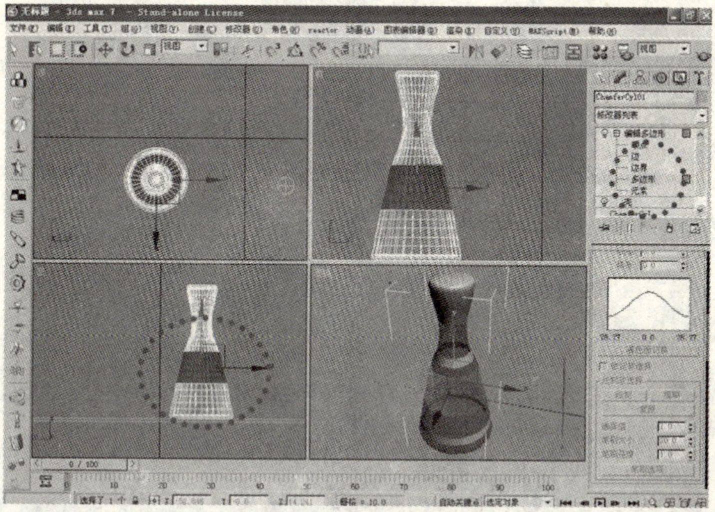

图 4—60 为香水瓶标签设置 ID

步骤 23：选择标签形状。

在顶视图按住“Alt”键，去掉一些面，如图 4—61 所示，并在多边形属性里面设置 ID 为 3。

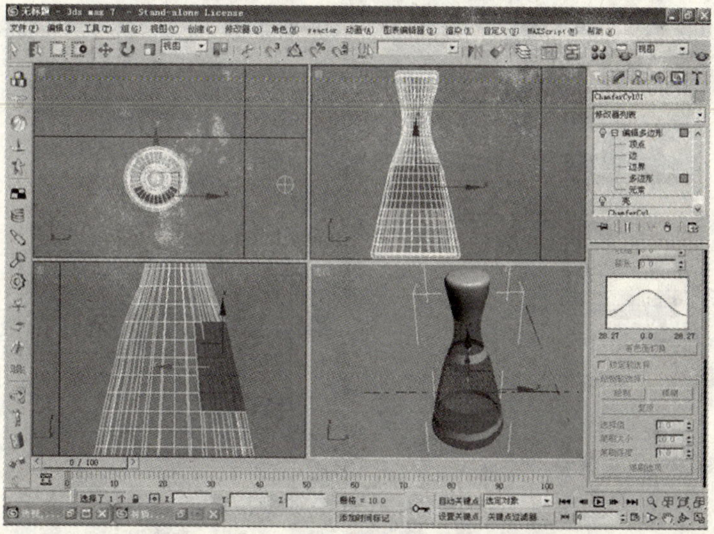

图 4—61 选择标签形状

步骤 24：为标签增加子对象材质。

打开刚才的“多维/子对象”材质，将第三个子材质球改一个颜色，发现透视图中的瓶身标签也随之更改，证明子对象材质已经起作用，如图 4—62 所示。后面就可以开始设置它的贴图了。注意：这是什么颜色其实无关紧要，因为过一段时间贴图会把它覆盖掉。

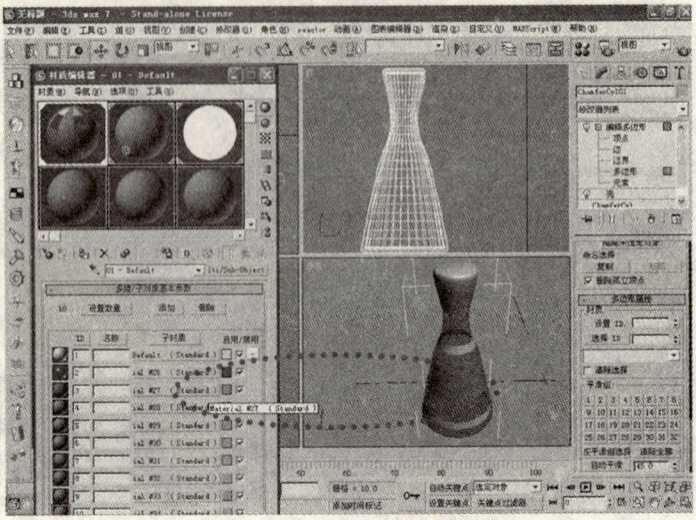

图 4—62　为标签增加子对象材质

步骤 25：为标签材质选择位图贴图。

进入子材质层级，单击“漫反射”旁边的方块，在弹出的“材质/贴图浏览器”中选择“位图”方式，如图 4—63 所示。

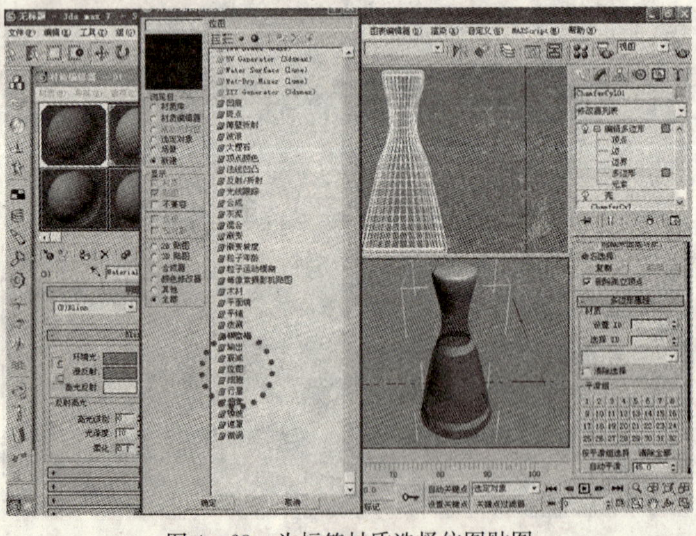

图 4—63　为标签材质选择位图贴图

在计算机中选择一幅位图。然后单击在视窗中显示贴图，可以看到图片已经贴在瓶中，如图 4—64 所示。

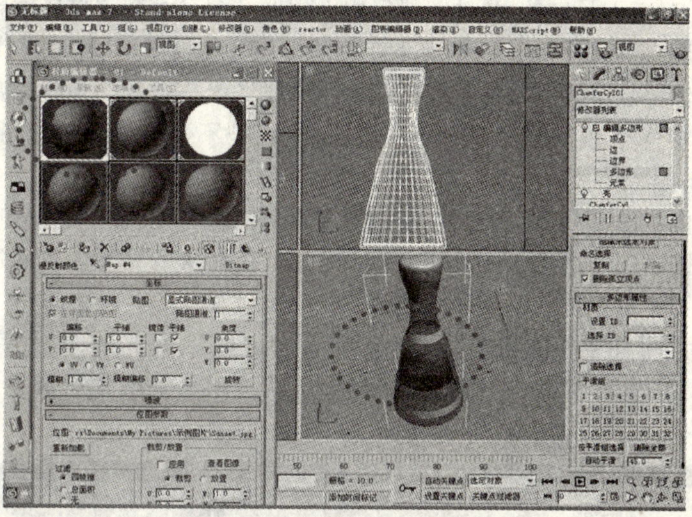

图 4—64　在视图中预览贴图位置

步骤 26：指定贴图坐标。

有时候贴图会出错，这是因为将平面的图形贴在了圆柱的曲面上，需要为它指定一个贴图坐标。

选中物体，或者在刚才编辑多边形设置 ID 后立刻单击修改器列表，选择“UVW 贴图”，就可以让贴图顺利地贴在曲面上了，如图 4—65 所示。

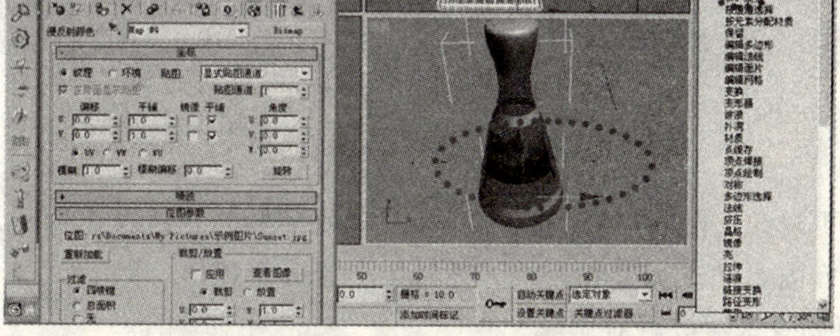

图 4—65　指定贴图坐标

“UVW贴图”修改器控制在对象曲面上如何显示贴图材质和程序材质。贴图坐标指定如何将位图投影到对象上。UVW坐标系与XYZ坐标系相似。位图的U轴和V轴对应于X轴和Y轴。对应于Z轴的W轴一般仅用于程序贴图。可在“材质编辑器”中将位图坐标系切换到VW或WU，在这些情况下，位图被旋转和投影，以使其与该曲面垂直。

球体和长方体等基本体对象可生成它们自己的贴图坐标，这与放样对象和NURBS曲面相同。扫描、导入或手动构造的多边形或面片模型不具有贴图坐标系，直到应用了“UVW贴图”修改器。

如果对具有内置贴图坐标的对象应用“UVW贴图”修改器，那么如果使用“UVW贴图”修改器中的贴图通道1，所应用的坐标优先。在默认情况下，在创建基本体过程中可用的“生成贴图坐标”选项使用贴图通道1。

步骤27：指定贴图坐标的类型。

将“UVW贴图”的参数设置为“长方体”，就可以看到图片正常显示，如图4—66所示。注意：如果是环状的标签，则应该选择“圆柱体”方式。

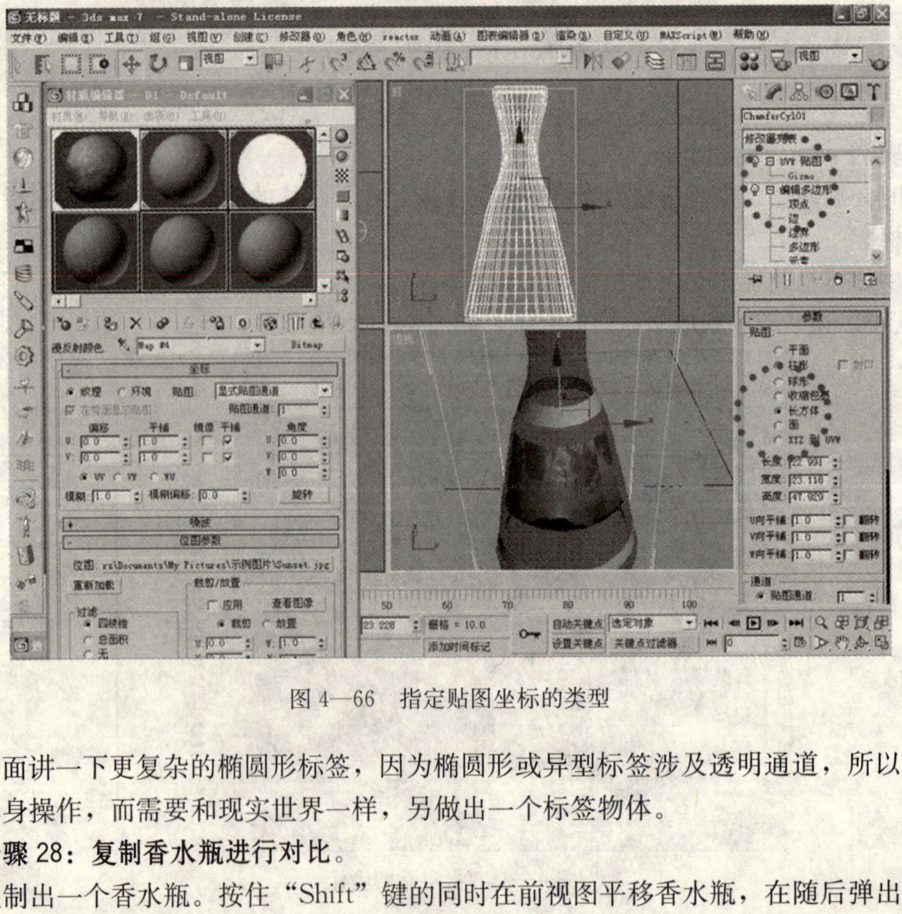

图4—66　指定贴图坐标的类型

下面讲一下更复杂的椭圆形标签，因为椭圆形或异型标签涉及透明通道，所以不能在瓶子本身操作，而需要和现实世界一样，另做出一个标签物体。

步骤28：复制香水瓶进行对比。

复制出一个香水瓶。按住“Shift”键的同时在前视图平移香水瓶，在随后弹出的“克隆面板”中选择“复制”方式，如图 4—67 所示。

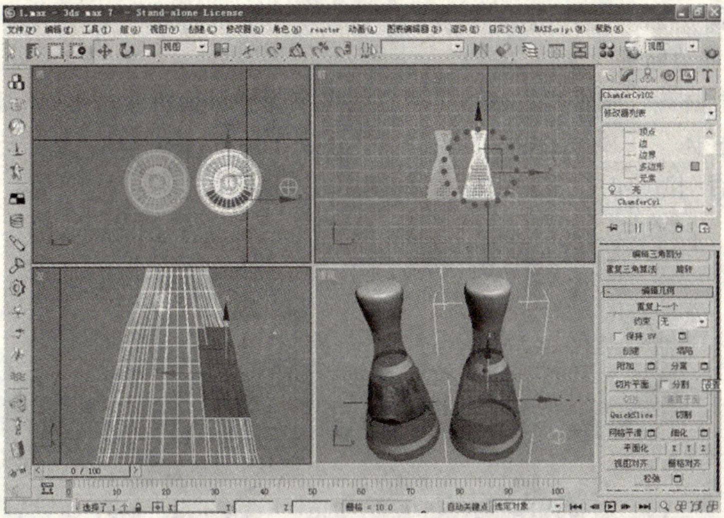

图 4—67　复制香水瓶进行对比

步骤 29：从瓶身分离出标签。

单击“编辑多边形”编辑器，进入“多边形”方式，选择刚才的方标签面积，并在编辑多边形面板的“编辑几何”栏目下找到一个“分离”按钮，单击它右边的设置框，会弹出一个“分离”对话框，将“分离为克隆”勾选，单击确定后就可以把瓶子的这部分多边形面分离成一个独立的克隆物体，也就是标签，如图 4—68 所示。

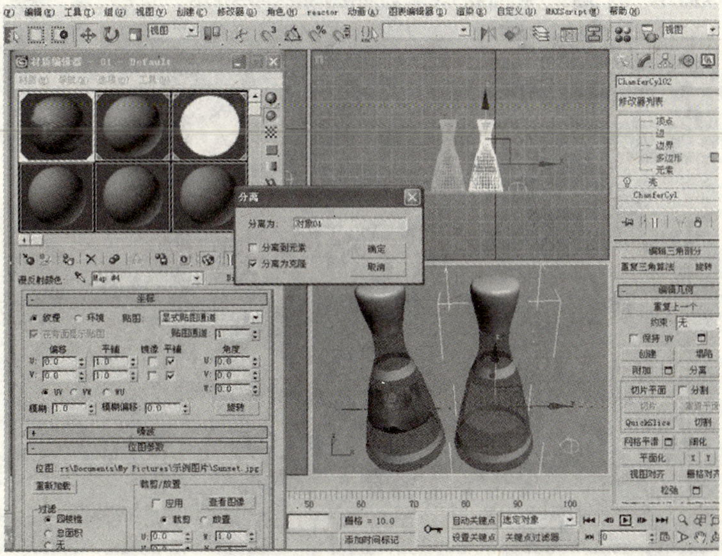

图 4—68　从瓶身分离出标签

不能选择“分离到元素”，那样会把这部分多边形面从瓶身分离出来，它虽然成标签了，但瓶子也就被挖了个方孔。

步骤 30：移动标签。

选择标签物体，仔细观察右侧面板，它的名字为“可编辑多边形”，而不是原来的香水瓶“切角圆柱体”（ChamferCyl02）。将它在顶视图稍微向前移动一点，让它和瓶身不在同一个面上（否则渲染时会重叠出错），如图 4—69 所示。

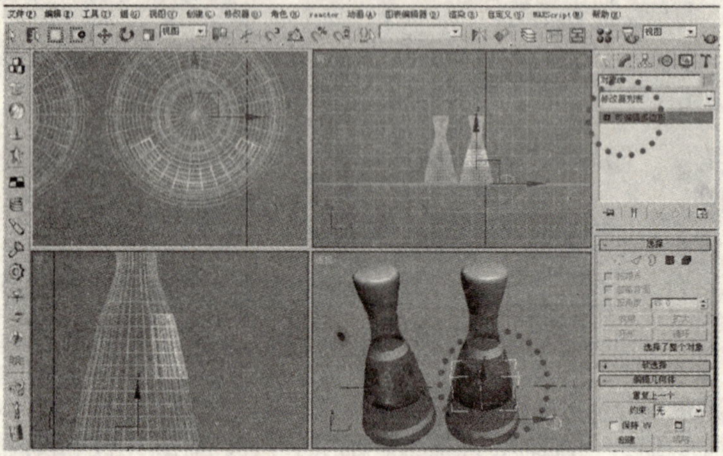

图 4—69　移动标签

步骤 31：为标签指定材质。

给标签物体指定一个新的空白材质球，如图 4—70 所示。

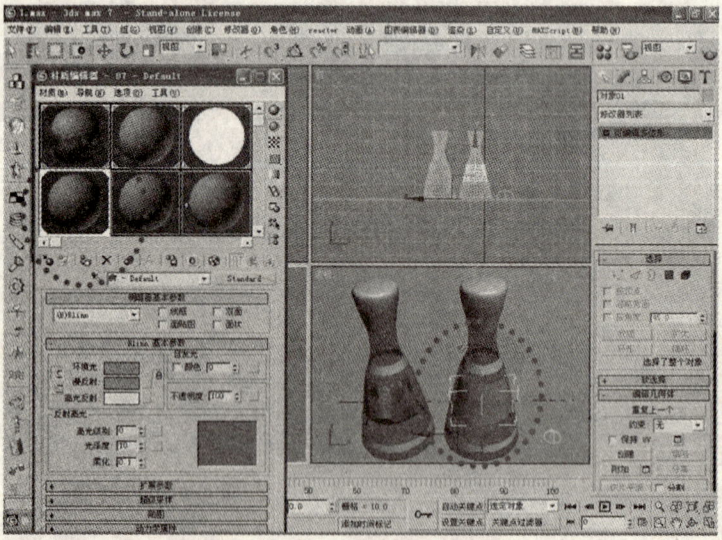

图 4—70　为标签指定材质

步骤 32：为标签选择“位图”贴图。

单击“漫反射”旁边的方块，在弹出的“材质/贴图浏览器”中选择“位图”方式，如图 4—71 所示。

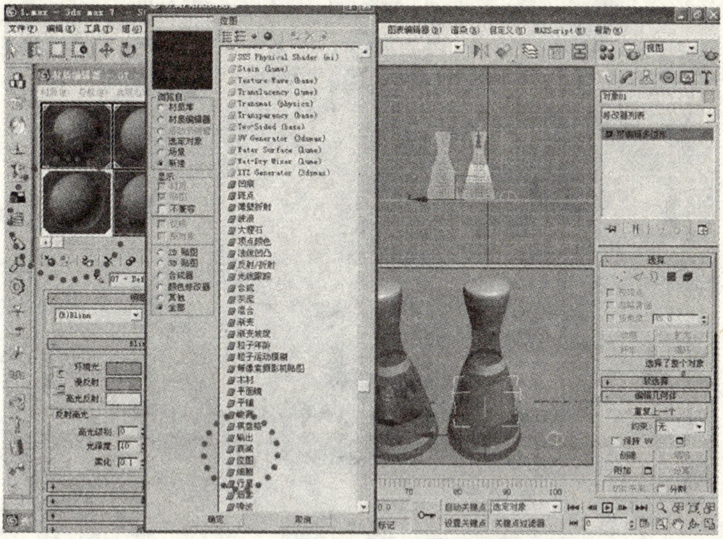

图 4—71　为标签选择“位图”贴图

步骤 33：为标签指定 UVW 贴图。

在计算机中选择一幅位图，并单击在视窗中显示贴图，可以看到图片已经贴在瓶中。选择“UVW 贴图”，就可以让贴图顺利地贴在曲面上，如图 4—72 所示。

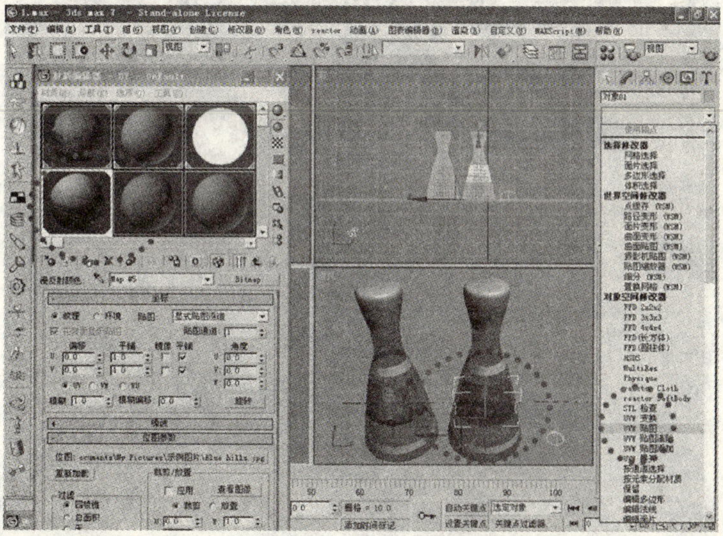

图 4—72　为标签指定 UVW 贴图

步骤 34：UVW 贴图参数设置。

将“UVW 贴图”的参数设置为“长方体”，就可以看到图片正常显示，如图 4—73 所示。

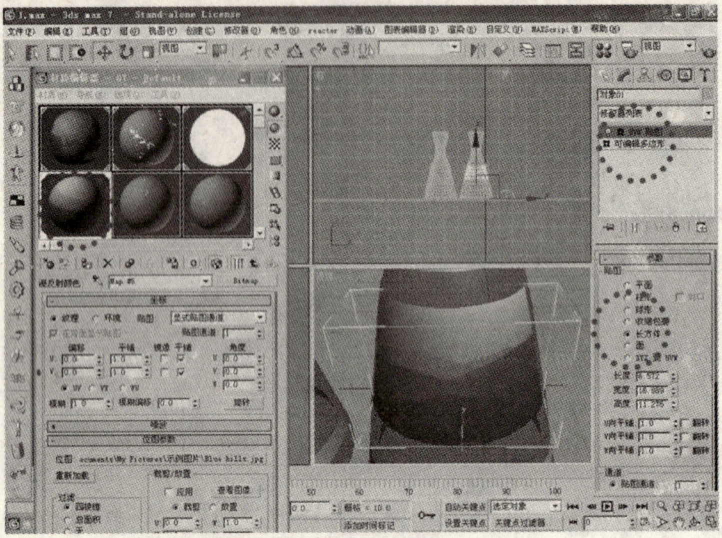

图 4—73　UVW 贴图参数设置

步骤 35：通过“不透明度”选项设置标签蒙板。

在“Blinn 基本参数”中有一个“不透明度”选项，默认数值是 100，旁边有个灰色小方框，单击后在弹出的“材质/贴图浏览器”中选择“位图”，如图 4—74 所示。

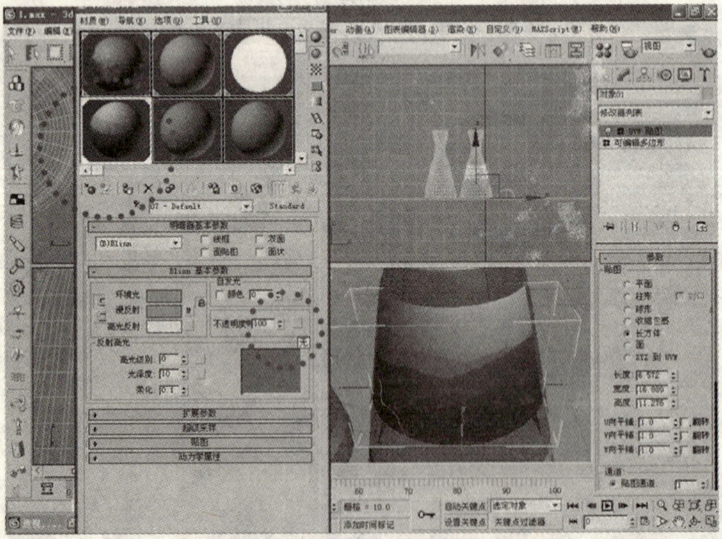

图 4—74　通过“不透明度”选项设置标签蒙板

步骤 36：选择蒙板贴图。

选择一个事先做好的黑底白椭圆的位图，可以用各类二维绘画编辑软件（如 Photoshop 等）绘制（和上文透明开窗盒子相反），如图 4—75 所示。

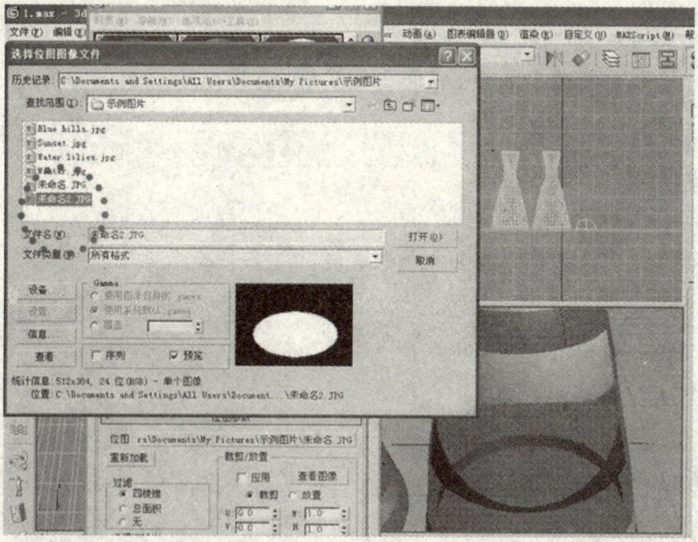

图 4—75　选择蒙板贴图

步骤 37：在视图中预览椭圆标签。

贴上后单击，在视窗中显示贴图，可以看到标签已经变成椭圆的，如图 4—76 所示。原先的方框边都被贴图黑色部分透明掉。

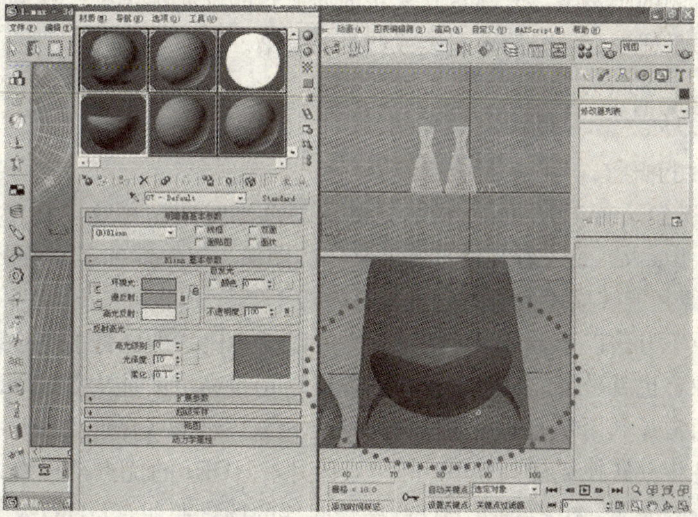

图 4—76　在视图中预览椭圆标签

步骤 38：最终渲染效果。

其他设置如前文所述，更改渲染器为 mentalray 渲染器，并在“渲染场景”对话框的“间接照明”卷展栏上启用最终聚集。最终渲染效果如图 4—77 所示。

图 4—77　最终渲染效果

注意瓶身右侧的竖长条高光，它其实是前面所建的反光板倒影。这种效果图的渲染方法比较简单，质量适中，适合简单包装或产品的渲染。

4.2.3　HDR 环境渲染

1. HDR 和 HDRI 的概念

HDR（High Dymanic Range）指的是高动态范围贴图照明这项技术。HDRI（High Dynamic Range Image）是一种亮度范围非常广的图像。以一般的 24bit 图像，每个像素为 8bit 的 RGB 图像，能够描述最亮的白色为 R255、G255、B255，这个亮度与户外太阳光的亮度还是差了数千万倍以上，HDRI 则是一个可以描述比一般图像的亮度范围（最暗至最亮）更广的图像，也就是说，HDRI 拥有更多控制光线亮度的能力。HDRI 是一种很特殊的图像文件，通常是利用专业的照相器材所拍摄的 360°拱形或环形的照片，之后透过专业的光线描述软件将其转换成最高 96bit 的全景图片。HDRI 的优点是可直接以这种全景图片作为渲染场景的光源，模拟拍摄 HDRI 图像时候的场景照明，HDRI 文件也可以用来渲染场景的环境背景，如图 4—78 所示。该类型的图像文件称为高动态范围图像或放射性贴图。HDRI 文件扩展名为 .hdr，放射性贴图扩展名为 .pic。该文件实际上包含来自所有照片的所有数据，所以它显示的亮度范围十分宽广，从明亮、白色高亮一直到最暗的黑色。

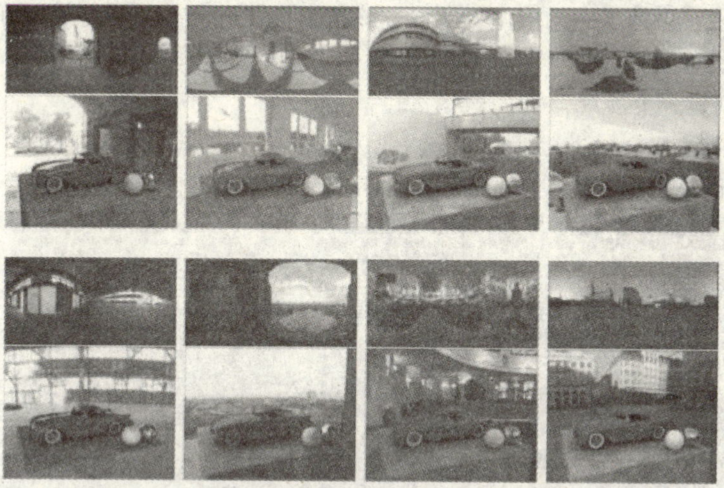

图 4—78　HDRI 图像渲染场景示例

用作合成背景和作为合成对象上的反射贴图时，HDRI 文件特别有用。使用 HDRI 图像作为天光时，可以使用“曝光”组中的参数来控制场景的亮度。

2. 简单场景应用案例

HDR 环境技术能够产生非常逼真的现场效果，特别适合与金属、玻璃等反射较强的材质搭配进行渲染，使用 mentalray 渲染器的效果更佳，如图 4—79 所示。

图 4—79　简单场景案例渲染图

但是，由于它包含的色彩信息多，控制丰富，所以使用起来比较烦琐，而且渲染速度非常慢。更重要的是HDRI格式的文件需要专门制作，可以在网上下载（免费或者收费），但毕竟数量有限，束缚了它的应用。所以，该技术特别适合需要最终效果好，但对工期没有过多要求的设计项目。

步骤1：创建一个场景。

首先简单创建一个场景，如图4—80所示，建立一个长方体桌面，上面放置一个圆球、一个茶壶和一个环形节（在“创建”面板的“扩展基本体”中）。

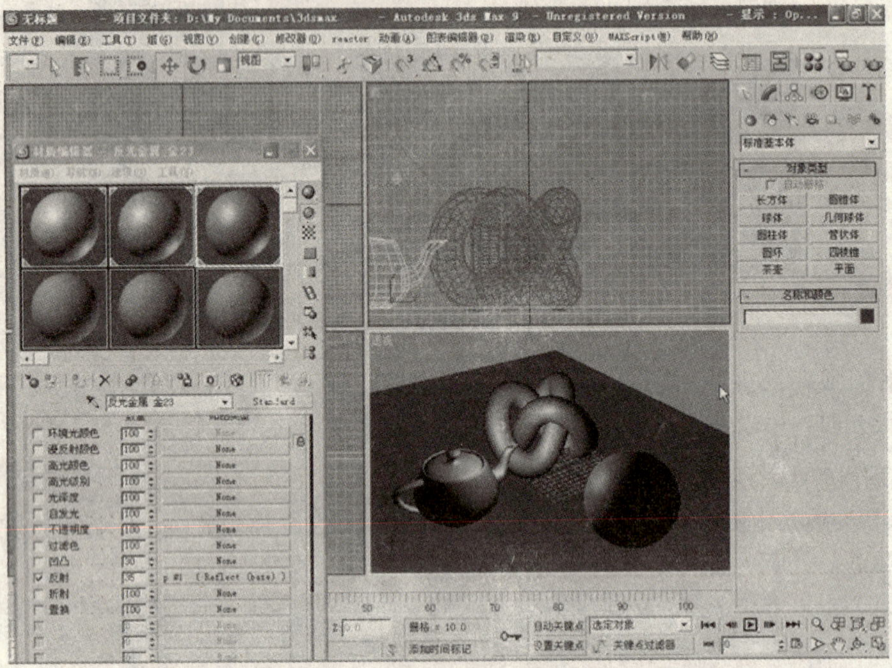

图4—80　创建一个场景

先将它们的材质都设成简单的不同颜色金属。设置方法见前文（香水瓶的制作步骤14）。将“光线跟踪”值改成50%左右，细心的读者可能会发现图中的反射项不是光线跟踪，这是因为当时采用的是mentalray渲染器提供的“Reflect（base）”材质进行试验，它和原来的“光线跟踪”在其他方式上效果差不多，但后来发现不支持HDRI格式的贴图，又改回“光线跟踪”（Raytrace）。

步骤2：更改渲染器和相关设置。

将渲染器更改为mentalray渲染器，并在“间接照明”选项卡上“启用最终聚集”，如图4—81所示。

步骤3：在顶视图建立天光。

图4—81中的一个小泛光灯也是试验所用，后来由于效果不好，更改为“天光”。天

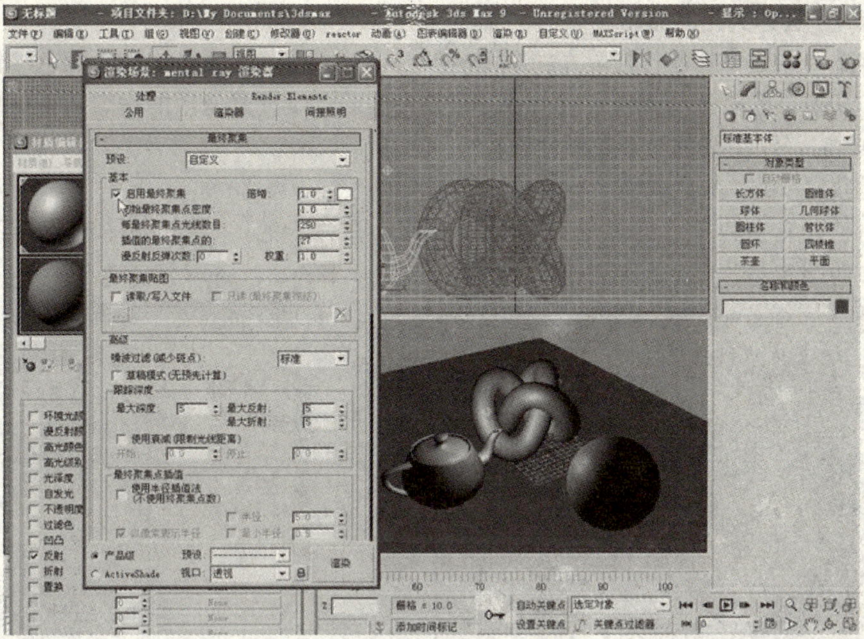

图 4—81　更改渲染器和相关设置

光建立在顶视图即可，如图 4—82 所示。

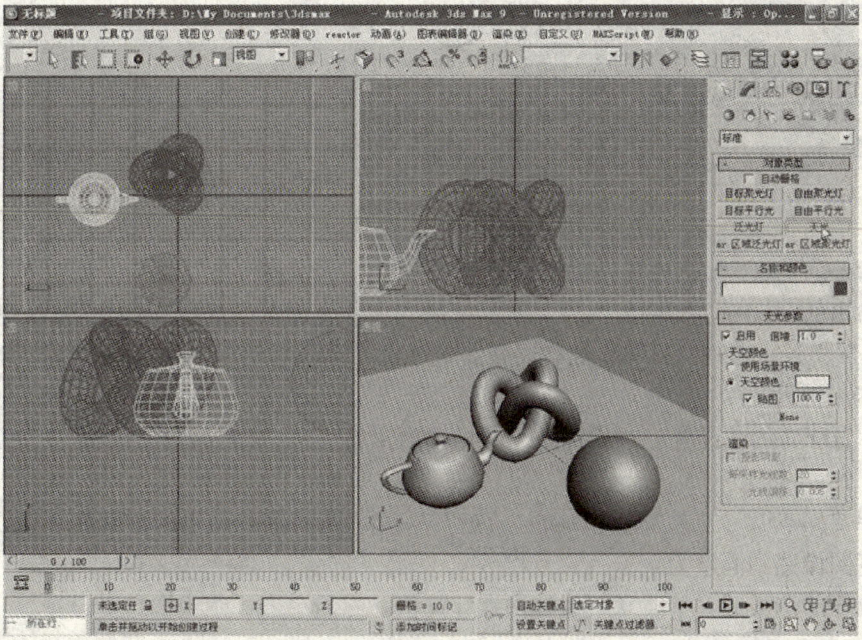

图 4—82　在顶视图建立天光

步骤 4：选择天光的贴图。

非常重要的一步就是打开天光的贴图控件——可以使用贴图影响天光颜色。该按钮指定贴图，切换设置贴图是否处于激活状态，并且微调器设置要使用的贴图的百分比。当值小于 100%时，贴图颜色与天空颜色混合。

这是获得 HDR 文件照明最佳效果必需的步骤。

单击“天光参数”卷展栏中“None”按钮，在弹出的“材质/贴图浏览器”中选择“位图”，如图 4—83 所示。

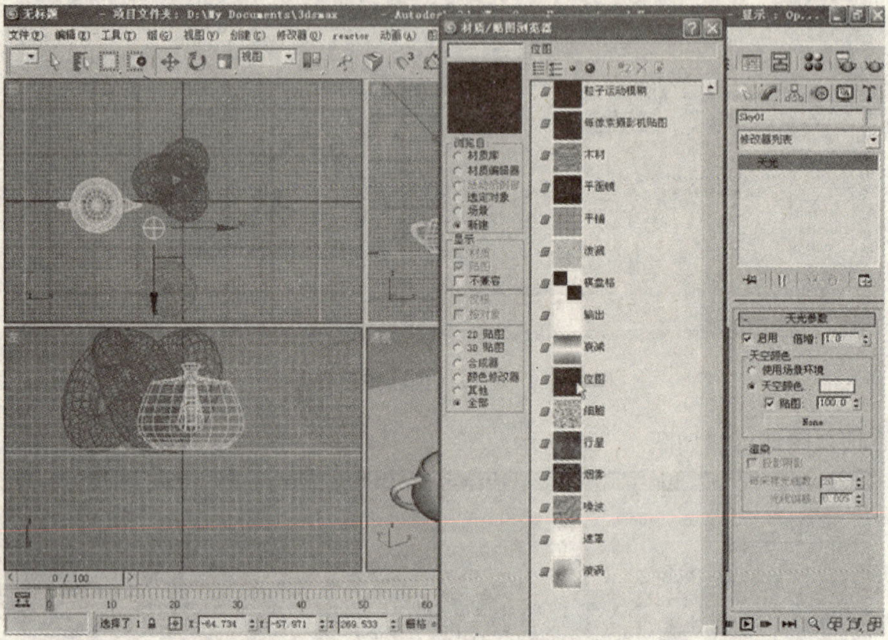

图 4—83　选择天光的贴图

步骤 5：“HDRI 加载设置”对话框。

在弹出的“选择位图图像文件”对话框的“文件类型”下选择 HDRI 格式，打开要使用的 HDR 文件。出现“HDRI 加载设置”对话框，在该对话框的预览窗口中会显示图像，如图 4—84 所示。

在“HDRI 加载设置”对话框中，注意“测量最小值/最大值”，以查看图像的亮度范围。

启用“黑点”。调整“黑点”和“白点”的值，直到直方图上的红线覆盖大部分图形且对预览图像感到满意为止。

完成值的调整后，请注意“线性白点”的值，然后单击“确定”接受设置。

另外，在“HDRI 加载设置”对话框中“标记白色钳位”表示在预览窗口中，使用色样指定的颜色屏蔽超过最高白色亮度的值。单击色样，以更改该颜色。“标记黑色钳位”

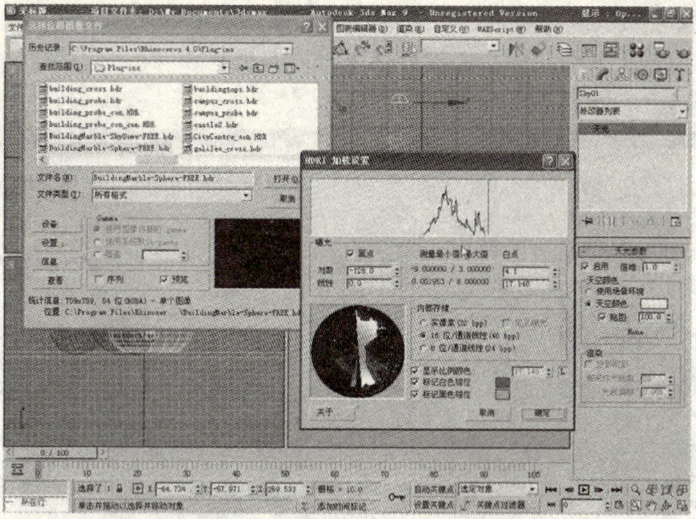

图 4—84 “HDRI 加载设置”对话框

表示启用“黑点”后，该选项在预览窗口中使用色样指定的颜色屏蔽超过最低黑色亮度的值。单击色样，以更改该颜色。

步骤 6：HDRI 设置天光。

还有至关重要的一步就是，天光的贴图是不可调整的，但是，加载 HDRI 图片后，天光的各种设置可以由 HDR 来代替。

需要把该贴图按钮用鼠标拖至一个空白的材质球上，并在弹出菜单上选择“实例”方式，就可以利用材质编辑器的设置功能调整 HDRI 贴图，如图 4—85 所示。

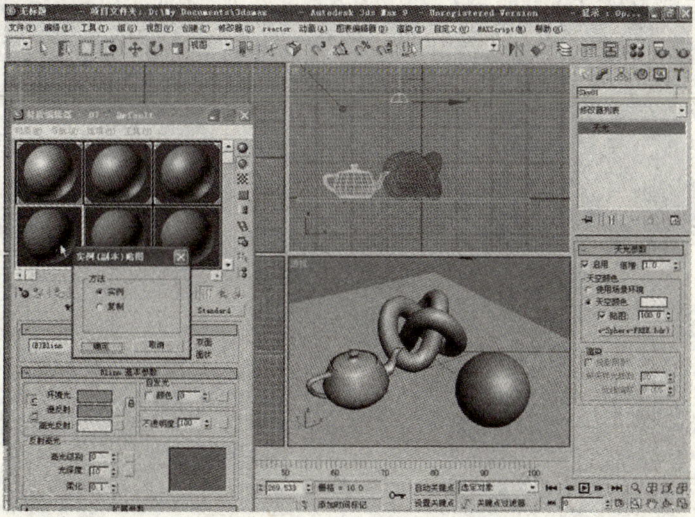

图 4—85 HDRI 设置天光

步骤 7：设置环境参数，通过“材质球”建立实例关系控制相关数值。

该贴图出现在材质编辑器中，还没有结束，需要把它和“渲染”菜单下的“环境”项目中的环境贴图建立实例联系，如图 4—86 所示。

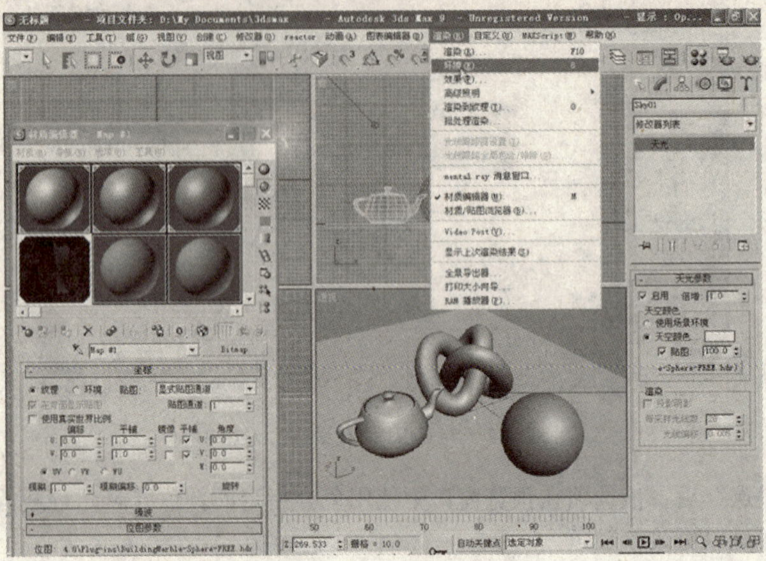

图 4—86　设置环境参数

这样，该 HDRI 就出现了三个关系——“天光贴图”和“环境贴图”通过“材质球”建立可调节的实例关系，如图 4—87 所示。

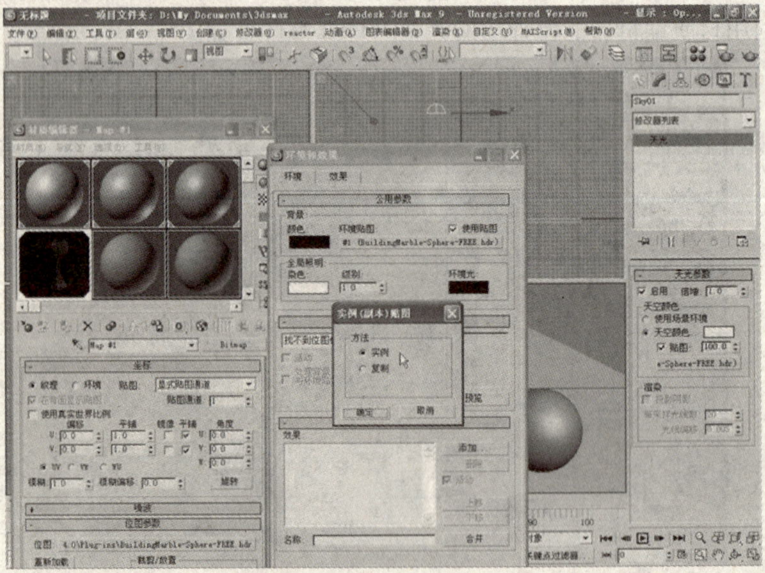

图 4—87　通过“材质球”建立实例关系控制相关数值

步骤 8：设置材质的球形环境类型。

将材质编辑器中的“坐标”卷展栏下面的类型改为“环境”，并在旁边的下拉菜单中选择“球形环境”，如图 4—88 所示。

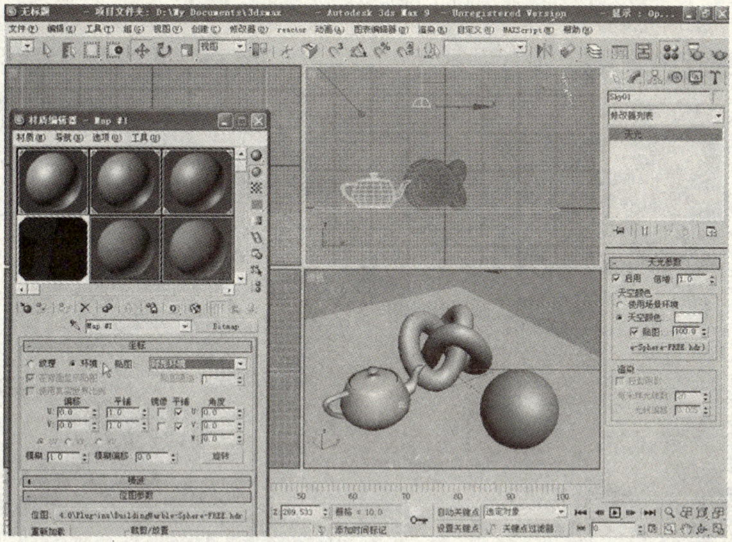

图 4—88　设置材质的球形环境类型

步骤 9：初次渲染效果。

渲染发现材质没有出现环境效果，而且画面过暗。将前文所述的金属材质反射栏的“Reflect（base）”改回“光线跟踪”（Raytrace），即可出现环境效果，如图 4—89 所示。

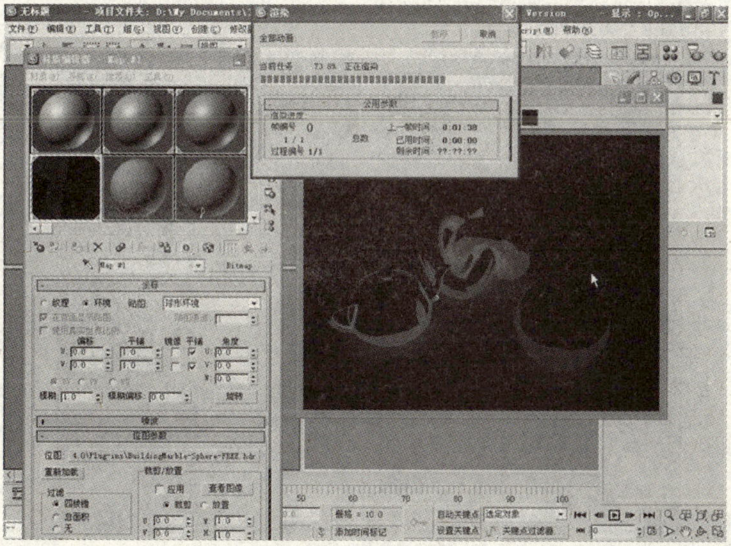

图 4—89　初次渲染效果

步骤 10：提高 HDRI 贴图亮度。

在“材质编辑器”中，展开 HDRI 贴图材质的“输出”卷展栏。把它的输出量由默认的 1 改为 8，就会看到材质预览框中 HDRI 贴图已经变亮（数值越大越亮），渲染效果图也出来，如图 4—90 所示。

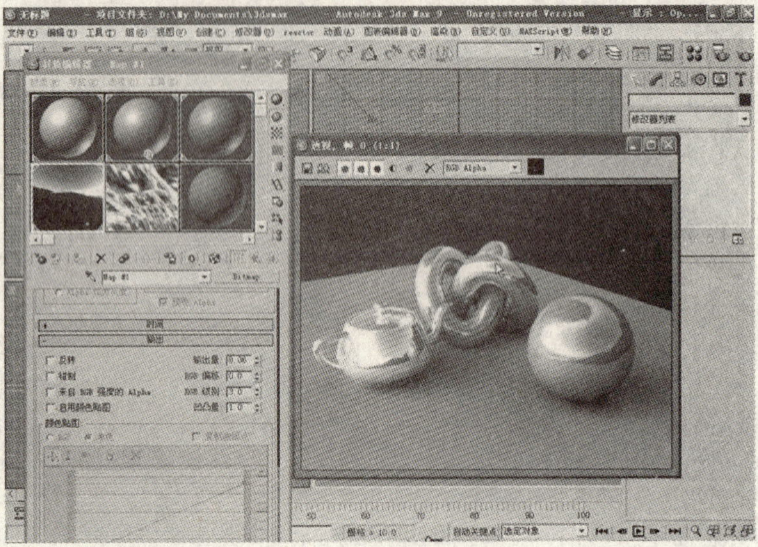

图 4—90　提高 HDRI 贴图亮度

步骤 11：再次渲染的效果。

稍微放大一下效果，可以发现金属物体上出现了很多环境的细节，能产生较强的现场感和真实感觉，如图 4—91 所示。

图 4—91　再次渲染的效果

步骤 12：玻璃材质的效果预览。

将球体和环形节改成玻璃材质的效果，可以发现场景过亮。这时可以把天光值调低，或者把 HDRI 贴图“输出”卷展栏的输出量降低，如图 4—92 所示。

图 4—92 玻璃材质的效果预览

步骤 13：较暗的环境效果。

调整后（更改了 HDRI 图片），增加一个玻璃酒杯，茶壶改成玻璃材质，并把桌面改成弱反射材质，效果如图 4—93 所示。和本例开始的示例图片相比仅仅更换了 HDRI 贴图，呈现出不同的效果。

图 4—93 较暗的环境效果

对于玻璃物体的表现，较暗的环境和较丰富的细节有利于增强真实感和现场气氛。

单元测试题

测试题 1. 化妆品系列化包装设计

设计一个化妆品彩妆的包装，品牌为“永红 Red Forever”，销售对象以 20～30 岁白领女性为主，促销表现方式不定，价位中位，材料为纸盒。纸盒结构类型不限，文字素材不限。相关图片可以通过网络搜索获得。

（1）要求设计品牌“永红 Red Forever”的标志。

（2）要求设计三种不同规格的纸盒包装，纸盒尺寸为：30 cm×20 cm×5 cm，25 cm×15 cm×5 cm，20 cm×10 cm×5 cm。

（3）要求 3 种包装用在一个场景中出现，进行方向和排列方式的变化，从 3 个不同的角度进行渲染。

测试题 2. 计算机配件包装设计

设计一个无线鼠标的包装，品牌为“急速”，销售对象以时尚白领为主，价格适中，材料为纸盒。纸盒结构类型不限，文字素材不限。相关图片可以通过网络搜索获得。

（1）要求设计品牌“急速”的标志。

（2）要求设计鼠标和纸盒包装，纸盒尺寸为：20 cm×10 cm×10 cm，鼠标尺寸不限，造型不限。

（3）要求将鼠标和包装盒并置，从 3 个不同的角度进行渲染。

一体化考核模拟试卷

试题名称：包装案例设计。

规定用时：300 min。

1. 操作条件

（1）用 Mac 或 PC 机。

（2）使用 Photoshop、CorelDraw、Illustrator 和 3ds max 软件。

（3）A4 纸 2 张。

2. 操作内容

牛奶的系列化包装设计。品牌名称为“白雪”，品名为“100%鲜牛奶”，销售方式为内部商店销售，价位中位，容器材料为纸复合包装或塑料材料。

设计目的：产品必须产生整体效果，纵然它们是摆在商店里的不同位置，或摆在家里的货架上也要很容易让人辨认出来。

文字素材：纯鲜牛奶；健康人生；绿色食品，自己可以根据需要适当添加。

3. 操作要求

（1）写 200 字左右设计构思及定位说明。

（2）“白雪”标志的设计，单独存盘。

（3）系列化要求：设计一款容器造型，然后艺术设计系列化，不少于三款。

（4）用计算机三维软件表现整体设计效果，单独存盘。

（5）所有文件储存在桌面新建的一个文件夹中，文件夹命名为“姓名+考号”。

一体化考核模拟试卷评分表

<table>
<tr><td colspan="2">试题名称</td><td colspan="3">包装案例设计</td><td colspan="2">考核时间</td><td colspan="3">300 min</td></tr>
<tr><td colspan="2" rowspan="2">评价要素</td><td rowspan="2">配分</td><td rowspan="2">等级</td><td rowspan="2">考核内容和评分标准</td><td colspan="4">评定等级</td><td rowspan="2">得分</td></tr>
<tr><td>A</td><td>B</td><td>C</td><td>D</td></tr>
<tr><td rowspan="4">1</td><td rowspan="4">设计构思</td><td rowspan="4">20</td><td>A</td><td>构思表现重点目标突出，角度创新突破，个性鲜明，手法和形式符合产品宣传特点</td><td rowspan="4"></td><td rowspan="4"></td><td rowspan="4"></td><td rowspan="4"></td><td rowspan="4"></td></tr>
<tr><td>B</td><td>构思表现重点较突出，角度常规，手法和形式符合产品宣传特点</td></tr>
<tr><td>C</td><td>构思表现重点不突出，角度常规，手法和形式基本符合产品宣传特点</td></tr>
<tr><td>D</td><td>构思无表现重点，角度常规，手法和形式不符合产品宣传特点</td></tr>
<tr><td rowspan="4">2</td><td rowspan="4">文字说明</td><td rowspan="4">5</td><td>A</td><td>文字说明思路清晰，很好地表达出设计定位等要素</td><td rowspan="4"></td><td rowspan="4"></td><td rowspan="4"></td><td rowspan="4"></td><td rowspan="4"></td></tr>
<tr><td>B</td><td>文字说明较思路清晰，较好地表达出设计定位等要素</td></tr>
<tr><td>C</td><td>文字说明较难表达构思理念及定位</td></tr>
<tr><td>D</td><td>文字说明无法表达构思理念及定位</td></tr>
<tr><td rowspan="4">3</td><td rowspan="4">商标设计</td><td rowspan="4">15</td><td>A</td><td>形象鲜明、简洁、强烈，清晰夺目，便于识辨，想象力丰富，能准确地传达该产品信息，设计独创，表现方法符合商品特点</td><td rowspan="4"></td><td rowspan="4"></td><td rowspan="4"></td><td rowspan="4"></td><td rowspan="4"></td></tr>
<tr><td>B</td><td>形象较鲜明、较简洁、强烈，较便于识辨，能准确地传达该产品信息；设计具有一定的雷同性，表现方法较为符合商品特点</td></tr>
<tr><td>C</td><td>形象不太鲜明、较简洁、强烈，基本能准确地传达该产品信息；设计具有很强地雷同性，表现方法基本符合商品特点</td></tr>
<tr><td>D</td><td>形象不鲜明，较为复杂拖沓，不便于识辨，不能准确地传达该产品信息；设计完全抄袭</td></tr>
</table>

续表

试题名称		包装案例设计			考核时间	300 min			
评价要素		配分	等级	考核内容和评分标准	评定等级				得分
					A	B	C	D	
4	艺术设计系列化	20	A	定位准确，字体设计和编排美观合理、色彩运用搭配合理，反映产品包装的特点，图形运用及设计与主题吻合，版面构图符合构图原则，整体美观，符合系列化的特点和要求，效果突出					
			B	定位准确，字体设计和编排欠合理、色彩运用搭配基本符合主题，反映产品包装的特点、图形运用及设计与主题基本吻合，版面构图符合构图原则，符合系列化的特点和要求，整体效果良好					
			C	定位欠准，字体设计和编排不合理、色彩运用搭配协调但不能反映产品包装的特点、图形运用及设计与主题吻合，版面构图符合构图原则，基本符合系列化的特点和要求，整体效果一般					
			D	定位偏离主题，字体设计和编排美观杂乱、色彩运用搭配极不协调，图形运用及设计背离主题，版面构图混乱，不符合系列化的特点和要求，整体视觉效果很差					
5	容器造型设计	20	A	容器造型有创意，符合工艺要求，符合产品的特点					
			B	容器造型较有创意，基本符合工艺要求，较符合产品的特点					
			C	容器造型一般，基本符合工艺要求，基本符合产品的特点					
			D	容器造型较差，较难符合工艺要求，基本产品的特点					
6	三维效果展示	20	A	三维表现效果好，充分展现了设计思路					
			B	三维表现效果一般，较好地展现了设计思路					
			C	三维表现效果较差，基本能展现了设计思路					
			D	三维表现效果差或者没有三维效果					
合计配分		100		合计得分					

等级	A（优）	B（良）	C（中）	D（差）
比值	1.0	0.8	0.6	0

“评价要素”得分＝配分×等级比值

参考文献

陈昌杰. 2006. 倡导循环经济，发展绿色包装 [J]. 包装财富 (2)：8—10.

陈昌杰. 2008. 绿色包装技术及其典型案例 [M]. 北京：化学工业出版社.

戴宏民. 2002. 绿色包装 [M]. 北京：化学工业出版社.

金国斌，朱巨澜，蔡沪建. 2006. 包装设计师 [M]. 北京：中国轻工业出版社.

金国斌. 2003. 塑料包装容器设计 [M]. 北京：化学工业出版社.

马里奥. 2005. 可再生性与纸包装的再生利用. 中国包装联合会循环经济专业委员会成立大会暨2005包装废弃物循环经济国际论坛会议资料.

马平东. 2004. 塑料软包装的绿色化发展趋势 [J]. 中国包装报软包装周刊 (30)：15.

孙诚等. 2008. 包装结构设计 [M]. 北京：中国轻工业出版社.

武军，李和平. 2000. 绿色包装 [M]. 北京：中国轻工业出版社.

朱国勤，吴飞飞. 2005. 包装设计 [M]. 上海：上海人民美术出版社.

曾景祥，肖禾. 2002. 包装设计研究 [M]. 长沙：湖南美术出版社.

张杰. 2004. 现代包装艺术设计 [M]. 北京：知识出版社.

周开明，冯梅. 2004. 销售包装结构设计 [M]. 北京：化学工业出版社.